Die Verbrennungskraftmaschine

Herausgegeben von

Prof. Dr. **Hans List**
Graz

Band 1, Teil 2

Die Gaserzeuger

Wien
Springer-Verlag
1959

Die Gaserzeuger

Von

Dipl.-Ing. **Kurt Schmidt**
Oberingenieur i. R. der Klöckner-Humboldt-Deutz A. G.
Köln-Deutz

Zweite, neubearbeitete und erweiterte Auflage

Mit 52 Textabbildungen

Wien
Springer-Verlag
1959

ISBN-13: 978-3-211-80529-9 e-ISBN-13: 978-3-7091-8057-0
DOI: 10.1007/978-3-7091-8057-0

Softcover reprint of the hardcover 2nd edition 1959

Vorwort

Feste Brennstoffe vom geologisch ältesten Anthrazit über Magerkohlen, Eßkohlen, Fett- und Gasflammkohlen, Lignite, Braunkohlen, Ölschiefer, Torf bis zu Holz und verschiedensten pflanzlichen Abfällen in naturgegebenem Zustand und als Kokse ausgegart, als Holz- und Torf-„Kohlen" geschwelt, als Briketts getrocknet und gepreßt, werden für Kraft- und Wärmeanlagen in der Energiewirtschaft der Erde einen wichtigen Platz behalten. Ein Weg, sie motortechnisch mit gutem Wirkungsgrad zu verwerten, führt über *Entgasung* — in Schwelwerken und Kokereien — oder *Vergasung* in Gaserzeugern (Generatoren), also über die Umwandlung fester Kohlen und Kohlenwasserstoffe in Gas — teilweise oder vollständig. Für in sich geschlossene Kraft- und Kraft-Wärme-Anlagen sind nur die *Gaserzeuger* mit den zugehörenden Apparaturen wichtig — bei Schwelwerken, Kokereien und städtischen Gasanstalten handelt es sich höchstens um die Entnahme von Gas für einzelne Verbrennungskraftmaschinen aus dem großen Versorgungsnetz. Der Schwerpunkt dieses Heftes konzentriert sich daher auf diejenigen Gaserzeuger und Apparaturen, die ein für Motoren gut geeignetes Gas liefern; doch habe ich die Schwelwerke, Kokereien und auch die für Städte und in Verbindung mit Gasmotoren immer wichtiger werdenden Faulgasanlagen dem Leser gleichsam im Vorbeigehen vorgestellt. Gar nicht aber behandle ich hier die nach verschiedenen Verfahren mit meist sehr großen Leistungen entwickelten Staubvergasungsanlagen, auch nicht Wassergas-Erzeuger, da diese in Verbindung mit Gasmotoren in Einzelanlagen nicht in Frage kommen.

Wer sich nur kurz über diese oder jene Frage der Motorgas-Erzeuger unterrichten will, dem sollen dies die öfteren Seitenhinweise auf Stellen im Buch, wo die gleiche Sache von anderem Gesichtspunkt behandelt wird, erleichtern.

Köln-Holweide, im Dezember 1958

Kurt Schmidt

Inhaltsverzeichnis

I. Gas als motorischer Kraftstoff

Gas läßt sich im Vergleich zu flüssigen oder festen Brennstoffen innenmotorisch, also im Arbeitsraum einer Kraftmaschine am leichtesten verbrennen, weil zur guten Mischung mit Luft keine Änderung des Aggregatzustandes wie bei flüssigen Brennstoffen erforderlich ist — diese müssen ja nach Zerstäubung verdampft, also in einen gasförmigen Zustand umgeformt werden. Daher machen beim Gas-Brennstoff die Gemischbildung, Entflammung und vollständige Verbrennung keine besonderen Schwierigkeiten. Durch unerwünschte Beimengungen unreines Gas läßt sich auch vor Eintritt in die Maschine verhältnismäßig leicht „motorrein" machen. Die ältesten gebrauchsfähigen Verbrennungskraftmaschinen waren daher *Gas*motoren.

Als motorisch geeignete Gase („Kraftgase") kommen in Frage:

Generatorgas — durch Vergasung fester Brennstoffe (S. 11);

Gichtgas — aus Hochöfen der Roheisengewinnung durch Vergasung von Koks;

Leuchtgas (Ferngas, Stadtgas) — aus Kokereien und Gaswerken (S. 9);

Schwelgas — aus Schwelwerken (S. 7);

Flüssiggas („Treibgas") — durch Entspannung verdampfender, unter hohem Druck in Stahlflaschen noch flüssiger Kohlenwasserstoffe (Abb. 2);

Faulgas — aus städtischen Kläranlagen (Abb. 1);

Erdgas („Naturgas") — auf Ölfeldern erbohrt;

Ölgas — durch Verkrackung flüssiger Kohlenwasserstoffe.

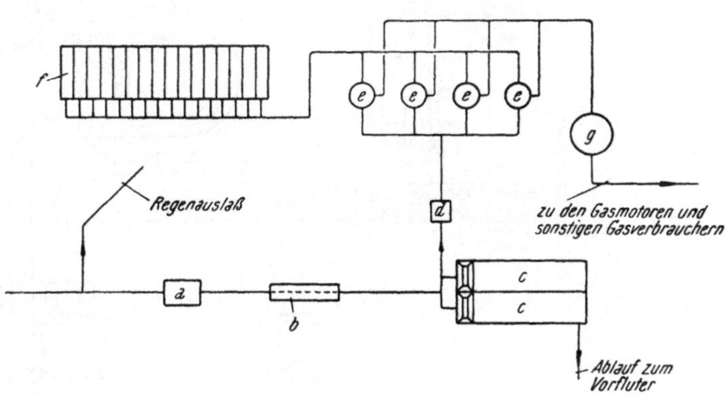

Abb. 1. Schema einer mechanischen Kläranlage mit Faulgasgewinnung. *a* Grobrechen; *b* Sandfang; *c* Absetzbecken; *d* Schlammsammel- und Pumpenschacht; *e* Faulräume; *f* Schlammtrockenplätze; *g* Gasometer.
Die Stadt-Abwässer werden in der Kläranlage gereinigt, wobei Klärschlamm anfällt. Dieser wird in Faulräumen beheizt, wodurch Faulgas und Grundstoffe für Düngemittel gewonnen werden. Die Abwässer passieren den Grobrechen *a*, den Sandfang *b*, und gelangen dann in das Absetzbecken *c*. Alle schweren Bestandteile senken sich hier infolge der sehr geringen Durchflußgeschwindigkeit ab und werden durch einen Rechen in die Schlammgrube *d* geschoben. Pumpen fördern ihn nun in die Faulräume *e*. Das Ausfaulen geschieht unter Zuhilfenahme von Bakterien dadurch, daß der neue Schlamm mit altem bakteriösem Schlamm „geimpft" wird. Die Bakterien gedeihen am besten bei einer ganz bestimmten Temperatur (30 bis 40° C). Die Beheizung erfolgt zweckmäßig und wirtschaftlich durch Faulgasmotoren-Abwärme. Das durch den Faulvorgang gebildete stark methanhaltige Gas entweicht und wird in einem Gasometer *g* gespeichert, von dem es den Gasmotoren oder sonstigen Verbrauchern zuströmt. Der ausgefaulte Schlamm kommt auf einen Trockenplatz *f* und wird später als Grundstoff für Düngemittel verwendet. Das geklärte Wasser kann nun abgeführt werden

Alle diese Kraftgase sind gleichzeitig *Brenngase*, können also z. B. auch zur Beheizung von Industrieöfen, Trocknungsanlagen und anderen dienen, umgekehrt jedoch sind *nicht* alle Brenngase auch Kraftgase, daher in Verbrennungskraftmaschinen nicht ohne weiteres

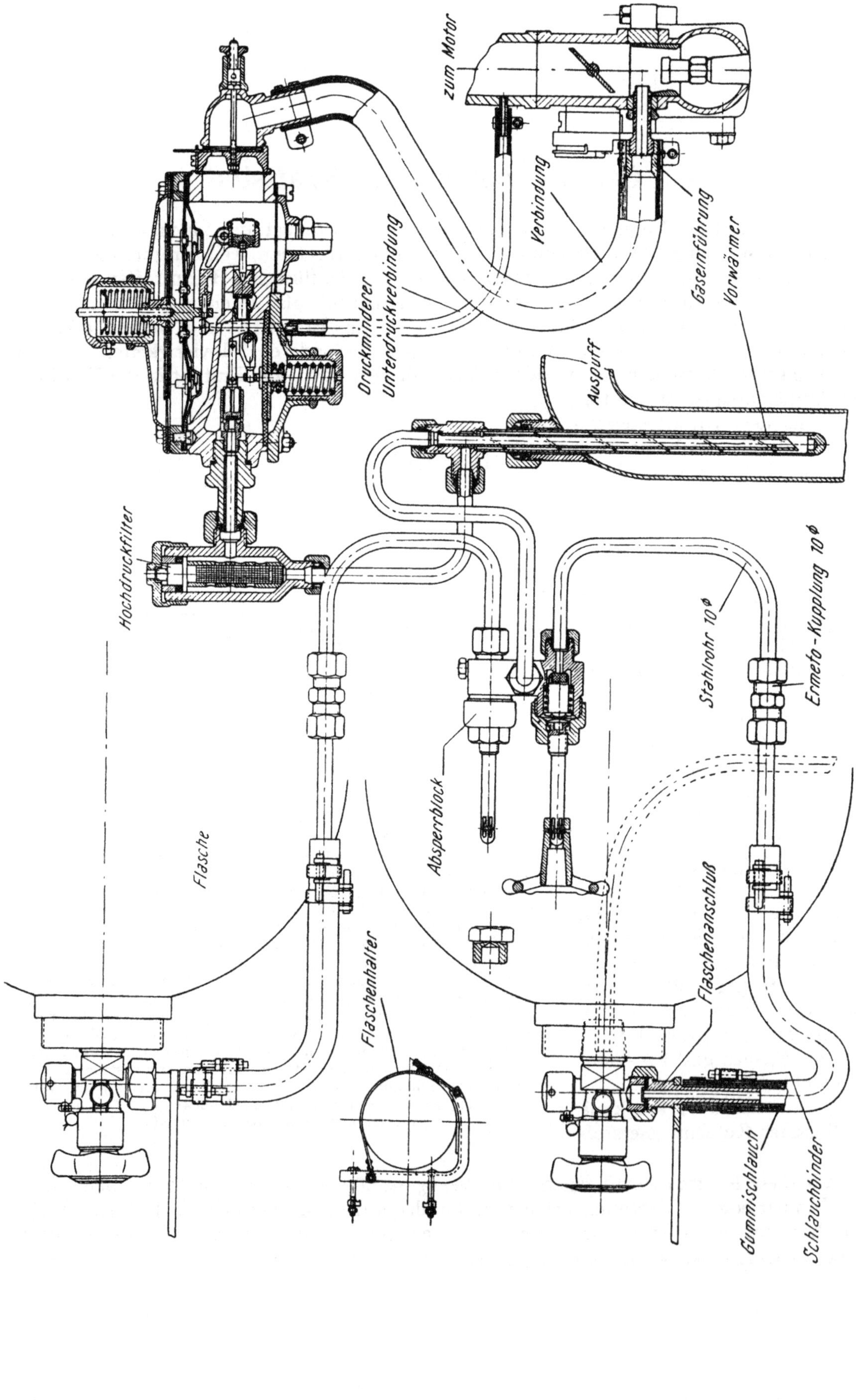

Abb. 2. Schaltschema der Flüssiggas-Zuführung zum Motor (Majert, Kassel)

Zahlentafel 1. Beispiele von Gasen aus festen Brennstoffen

Nr.	Gasart	Unterart	Ausgangs-Brennstoff	Gaserzeuger	Unterer Gasheizwert kcal/Nm³	Eignung für Gasmotor	CO_2	C_mH_{2n}	CH_4	H_2	CO	N_2
							Raum %					
1.	Schwachgase (Hu = 900 bis 1700 kcal/Nm³)	Gichtgas	Koks	Hochofen	928	gut	10,0	—	—	3,0	28,0	59,0
2.	Generatorgase (Hu = 900 bis 1700 kcal/Nm³)	Koks	Waldenburger Erbskoks	Drehrost aufsteigend	1160	gut	5,0	—	—	11,5	29,5	54,0
3.		Koks	Harpener Brechkoks IV	Drehrost aufsteigend	1065	gut	7,0	—	—	10,8	26,0	56,2
4.		Anthrazit	Ruhranthrazit Nuß IV	Planrost aufsteigend	1310	gut	6,0	0,2	1,5	15,5	24,7	52,1
5.		Anthrazit	Ruhranthrazit Nuß IV	Drehrost aufsteigend	1340	gut	4,7	—	1,2	16,0	27,2	50,9
6.		Holz	Buchenholz 50×70 Feuchtigkeit 20%	Fahrzeug-Gasanlage quer-absteigend	1342	gut	10,5	0,4	1,6	18,2	22,0	47,3
7.		Holz	Fichten 60×60×100 Feuchtigkeit 18%	Rüttelrost absteigend	1145	gut	11,0	0,1	1,2	15,5	20,6	51,6
8.		Holz	Weichholz-Abfälle	Drehrost aufsteigend	1415	gut	8,4	0,2	3,0	9,8	28,8	49,5
9.		Rohbraunkohle	Niederlausitzer Braunkohle	Drehrost aufsteigend	1286	gut	6,5	0,4	2,0	10,0	26,0	55,1
10.		Braunkohlen-Brikett	Rheinische Brikett-Union	Drehrost aufsteigend	1500	gut	5,0	0,7	1,7	12,0	30,5	50,1
11.		Braunkohlen-Brikett	Rheinische Brikett-Union	Drehrost Doppelfeuer	1200	gut	8,7	0,4	1,5	12,9	22,1	54,4
12.		Braunkohlen-Schwelkoks	—	Drehrost aufsteigend	1344	gut	4,1	—	0,4	14,4	30,3	51,8
13.		Steinkohlen-Schwelkoks	Oberschlesische Steinkohle	Drehrost aufsteigend	1250	gut	6,0	—	0,4	13,5	28,6	51,5
14.		Holzkohle	—	Planrost aufsteigend	1320	gut	7,7	—	1,2	18,6	23,9	48,6
15.		Torf	Preßtorf Litauen	Drehrost aufsteigend	1470	gut	7,5	0,7	2,0	12,2	28,5	49,1
16.		Flachsscheben	Flachsscheben Viersener Spinnerei	Rüttelrost Doppelfeuer	1220	gut	11,0	0,3	2,0	14,0	21,0	51,7
17.		Kokosnußschalen	Innere Kokosschalen Cabello-Venezuela	Rüttelrost absteigend	1300	gut	12,9	0,4	2,8	15,3	19,7	48,9
18.		Lurgi-Gas	Braunkohle Mittel-Deutschland	Lurgi Druck-vergaser	3983	gut	2,3	0,9	21,8	50,7	22,0	2,1
19.	Wassergase 2300 bis 3500 kcal/Nm³	Wassergas Hu = 2500 bis 2900 kcal/Nm³	Koks	—	2682	nicht	3,0	—	1,0	49,0	44,0	3,0
20.		Kohlen-Wassergas Hu = 3200 bis 3500 kcal/Nm³	Steinkohlen	—	3300	nicht	3,4	0,9	9,5	51,0	33,5	1,7
21.	Schwelgase 2400 bis 7300 kcal/Nm³	Holz-Schwelgas		(nach FISCHER)	4050	gut	27,0	5,0	21,7	17,3	29,0	—
22.		Torf-Schwelgas			3265	gut	55,4	3,7	25,4	3,1	12,3	0,1
23.		Braunkohlen-Schwelgas			5260	gut	27,7	7,1	38,6	15,0	11,6	—
24.		Steinkohlen-Schwelgas			7300	gut	11,2	6,6	67,4	12,8	2,0	—
25.	Verkokungsgase 3500 bis 5000 kcal/Nm³	Torf-Destillationsgas		—	3220	gut	14,0	4,0	7,0	40,0	30,0	5,0
26.		Braunkohlen-Brikett-Destillationsgas		siehe Anhaltszahlen Rheinisches Braunkohlen-Syndikat	3190	gut	23,0	1,4	16,3	33,6	22,7	3,0
27.		Steinkohlen-Destillationsgas (Hüttengas)		siehe Handbuch Rheinisch-Westfälisches Kohlen-Syndikat	4810	gut	2,7	3,8	29,8	50,8	9,6	3,3
28.		Leuchtgas (Stadtgas Köln)		—	4010	gut	3,1	2,1	25,9	48,1	6,2	14,8

verwertbar. Ungeeignet, bzw. schwierig zu verkraften sind z. B. wegen der Neigung zu scharfen Zündungen Wassergas (S. 3), Azetylengas, Wasserstoff.

Nur selten ist Kraftgas homogen, meist ist es ein Gemisch aus verschiedenen Einzelgasen. Die Zahlentafeln 1 und 2 geben einen Überblick über Kraftgase und Brenngase.

Zahlentafel 2. Beispiele von Brenngasen verschiedener Herkunft

Name	Unterer Gasheizwert kcal/Nm³	Eignung für Gasmotor
Erdgas „feucht"	8 100	gut
Erdgas „trocken"	10 000	gut
Faulgas	6 400	gut
Flüssiggas	11 000	gut
Wasserstoff	2 570	schwieriger
Methan	8 550	gut
Propan	22 350	gut
Butan	29 510	gut

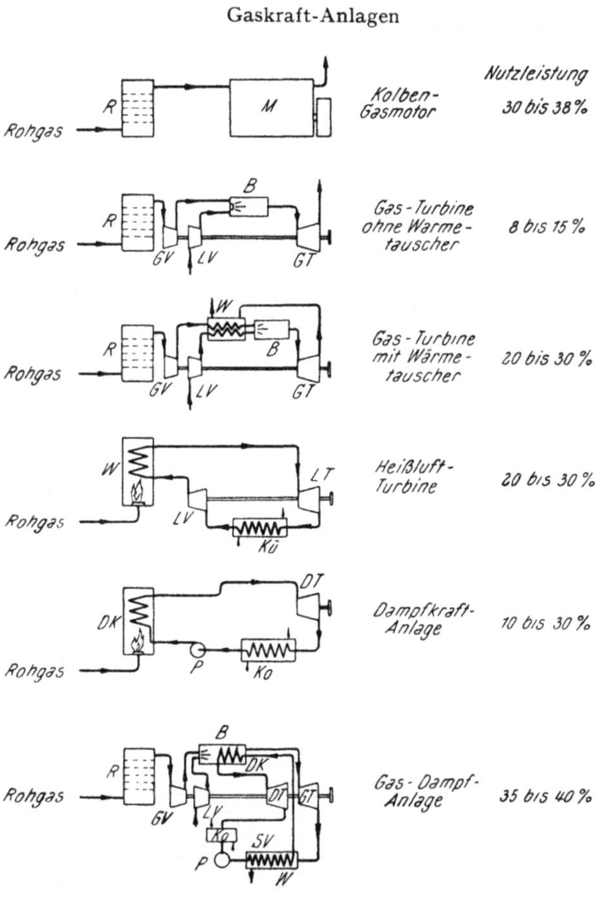

Abb. 3. Prinzip-Schema der Gasverwendung zur Kraftstofferzeugung. *B* Brennkammer; *DK* Dampfkessel; *DT* Dampfturbine; *GT* Gasturbine; *GV* Gasverdichter; *Ko* Kondensator; *Kü* Kühler; *LT* Luftturbine; *LV* Luftverdichter; *M* Motor; *P* Speisepumpe; *R* Reiniger; *SV* Speisewasser-Vorwärmer; *W* Wärmetauscher

Die besondere Eignung der einzelnen Kraftgase zum Betrieb von Gasmotoren wird in Band 5 dieser Sammlung behandelt. *Wirtschaftlich* entscheidend ist meist der auf gleichen unteren Heizwert bezogene *Gaspreis* — und dieser ist örtlich und auch zeitlich je nach Vorkommen oder Erzeugung sehr verschieden. Erdgas zum Beispiel kann auf Bohrfeldern im Überfluß zur Verfügung stehen, anderwärts gar nicht.

Den Anreiz, feste — oder in Einzelfällen flüssige — Brennstoffe ganz oder teilweise in motorisch gut verwertbares Gas zu verwandeln (zu „konvertieren"), bieten

1. die erwähnte, für Motoren leichte und gut regelbare Verbrennung,

2. die gute Reinigungs-, Fortleitungs- und Verteilmöglichkeit,

3. ein im Vergleich zu anderen Energieträgern oft niedrigerer Wärmepreis.

Im Verlauf der letzten beiden Jahrzehnte sind allerdings die Preise für vergasbare *Kohle* wesentlich gestiegen, für Erdöl und seine Raffinate dagegen geblieben oder sogar gefallen. Daher kommen heute für verschiedene Anwendungen — erwähnt sei die Rhein-Schleppschiffahrt — nur Dieselmotoren zum Einbau, wo man vor zwanzig Jahren auch gern Gasmotoren wählte. Man muß jedoch beachten, daß Brennstoffpreise schwanken, und auch heute ist vielerorts noch fester vergasbarer Brennstoff, auf gleiche Kraftausbeute bezogen, billiger als flüssiger.

4. Das Bestreben, einen vorhandenen festen oder flüssigen Brennstoff (Ausgangsbrennstoff) auf bestmögliche Weise *gesamt-wirtschaftlich* auszunutzen und *Wertstoffe* verschiedener Art zu gewinnen, wobei dann Gas als Nebenerzeugnis anfällt und zu Heiz- und/oder Kraftzwecken verfügbar ist.

Hat man sich darüber Klarheit verschafft, daß der Aggregatzustand des Brennstoffes, den man zur Krafterzeugung verwenden will, Gas sein soll, dann folgt die Überlegung, ob es in

Kolben-Verbrennungskraftmaschinen
oder Gas-Turbinen
oder Heißluft-Turbinen
oder Dampfanlagen

verbrannt und verkraftet werden soll (Abb. 3).

Den besten Nutzwirkungsgrad, das Verhältnis der gewonnenen Nutzleistung zum Heizwert des Brennstoffes wird — zumal bei Leistungen bis etwa 1500 PS — in den meisten Fällen die Kolben-Verbrennungskraftmaschine erzielen (Band 5 dieser Sammlung). Die Gasturbine hat den Vorzug niedrigen Gewichtes und geringer Raumbeanspruchung, besonders dann, wenn man sich einen mäßigen Nutzwirkungsgrad durch Verzicht auf die sonst recht großen Wärmetauscher leisten kann. Dies dürfte z. B. für Notstrom-Aggregate häufig der Fall sein.

Die *Heißluftanlage* stellt wesentlich geringere Ansprüche an die Sauberkeit des Gases, verlangt aber durch die hier unumgänglichen Wärmetauscher viel Platz und kann nur bei großen Leistungen thermodynamisch an die Kolben-Gasmaschine herankommen.

Auch die *Dampfanlage* ist recht bescheiden in ihren Ansprüchen an die Gasreinheit (Kesselfeuerung). Hier gilt jedoch ebenso, daß nur sehr große Leistungen sich der Kolben-Verbrennungskraftmaschine im Nutzwirkungsgrad nähern.

Noch sehr wenig angewandt wird die *Verbindung* einer Dampfturbine mit einer Gasturbine, z. B. in der Art, daß die Dampfkessel-Gasfeuerung unter einem solchen Druck betrieben wird, wie er als Anfangsspannung für die Gasturbine günstig ist. Solche Anlagen versprechen sehr guten Nutzwirkungsgrad, sind aber vielteilig.

Dem *Heizöl* ist Gas sowohl für die Gasturbine als auch für eine verbundene Gas- und Dampfturbinen-Anlage vielfach auch deshalb vorzuziehen, weil eine Schädigung der Laufschaufeln durch Vanadium-Pentoxyd nicht zu befürchten ist, und man deshalb auf höhere Eintritts-Temperaturen in der Gasturbine gehen kann.

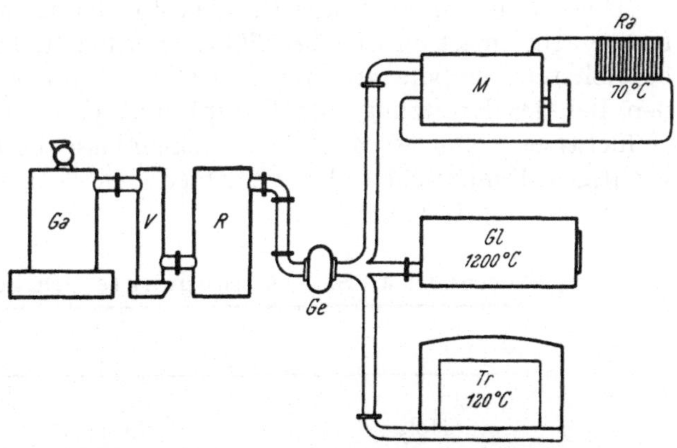

Abb. 4. Kraft-Wärme-Anlage mit Gaserzeuger. *Ga* Gaserzeuger; *Ge* Gasförderer; *Gl* Hochtemperatur-Glühofen; *M* Gasmotor; *Ra* Raumheizung; *R* Reiniger; *Tr* Trockenkammer; *V* Vorreiniger

Die Dampfanlage hat bekanntlich weitgehende Möglichkeiten einer *Verbindung von Kraft- und Wärme-Wirtschaft.* Es wäre aber falsch, zu glauben, daß nicht auch eine Gasanlage häufig eine recht günstige Koppelung einer Wärme- mit einer Kraftzentrale in industriellen Betrieben, auch auf Schiffen, zuläßt. Die Kraft-Wärme-Wirtschaft auf reiner

Gasgrundlage ohne Zwischenfügung von Dampf als Wärmeträger hat sogar oft entscheidende Vorzüge gegenüber der Dampfanlage: *Alle* für industrielle Wärmeanlagen in Frage kommenden Temperaturen lassen sich unschwer mit Gas erzielen und regeln (Abb. 4), während dem Gebrauch des Dampfes verhältnismäßig enge Temperaturgrenzen gezogen sind. Ferner ist wichtig, daß der Wirkungsgrad einer mit Wärmenutzung gekoppelten Gaskraftanlage stets hinsichtlich der reinen Krafterzeugung gleich bleibt und nicht wie beim Dampf durch Anzapfung oder höheren Gegendruck vermindert wird.

Abb. 3 gibt auch einen Überblick über die Nutzwirkungsgrade heute bekannter Gas-Kraftanlagen.

II. Die Gaserzeugung aus festen Brennstoffen

Dieser Band behandelt im Rahmen des Sammelwerkes die *Gaserzeugung aus festen Brennstoffen zum Betriebe von Gasmotoren*, nicht also auch die zahlreichen anderen Erzeugungsmethoden von Gas für großräumige volkswirtschaftliche und industrielle Verwendung.

Motorisch verwertbares Gas kann man aus festen Brennstoffen gewinnen:

durch *Ent*gasung (Teil-Umwandlung des festen Brennstoffes in Gas),

durch *Ver*gasung (Gesamt-Umwandlung der brennbaren Bestandteile in Gas).

Die Entgasung

Erhitzt man natürliche feste Brennstoffe, z. B. Steinkohle, Braunkohle, Torf, Holz unter Luftabschluß, so entweichen zunächst Wasserdämpfe, dann bei steigender Temperatur unter molekularen Umwandlungen Kohlenwasserstoffe, teils als Dämpfe, teils als Gase, und es bleibt Koks als Rest, der aus Kohlenstoff und Asche (Unverbrennbarem) besteht. Die Dämpfe verflüssigen sich wieder bei einer folgenden Abkühlung.

Diese Behandlung fester Brennstoffe nennt man *Schwelung*, wenn die Erwärmungstemperatur meist nicht über 700°, in Einzelfällen bis 800° steigt, dagegen *Verkokung* bei höheren Temperaturen bis an 1000° C. In der analytischen Charakteristik nennt man den bei der Erhitzung als Dampf und Gas entweichenden Anteil des Brennstoffes „Flüchtiges“ oder — auf die Trockenmasse bezogen — „Gasgehalt“. Dieser ist ein wichtiges Kennzeichen der verschiedenen Kohlenwasserstoffe, zumal der natürlichen wie Kohle, Torf, Holz.

Zahlentafel 3. Selbstzündpunkte einiger Vergasungs-Brennstoffe

	°C
Holz	250 bis 300
Torf	etwa 280
Braunkohle	etwa 230
Flammkohle	etwa 220
Fettkohle	etwa 245
Eßkohle	etwa 260
Magerkohle	etwa 340
Anthrazit	etwa 450
Holzkohle	140 bis 210
Schwelkoks aus Braunkohle	etwa 210
Schwelkoks aus Steinkohle	etwa 350
Brechkoks (Hüttenkoks)	etwa 550

Schwelung und Verkokung dienen, oft sogar erstlinig, der Gewinnung wertvoller flüssiger Brenn- und Kraftstoffe, sowie einer sehr großen Anzahl „synthetischer" Erzeugnisse als Chemikalien, Arzneimittel usw. Diese Wertstoffgewinnung steht unter dem sehr richtigen Gesichtspunkt: *Kohle* — die natürlichen Vorkommen werden durch den Abbau ja immer weniger! — *ist zunächst* als *Rohstoff, dann erst* als Brennstoff zu betrachten!

Zum Schwelen bevorzugt man geologisch junge Brennstoffe: Holz, Torf, Ölschiefer, Braunkohle, Lignit, selten auch gasreiche Steinkohle.

Die Erhitzung des Brennstoffes kann als Wärmeeinstrahlung durch eine von außen beheizte Wand oder auch mit durchgeleiteten heißen Gasen oder Dämpfen geschehen. Es gibt eine große Anzahl Schwelofen- und Meiler-Bauarten. Das Schema einer modernen, großen Spülgas-Schwelanlage zeigt Abb. 5.

Sehr wichtig und — wie schon angedeutet — oft Hauptzweck der Schwelung ist die Ausbeute an Kohlenwasserstoffen teeriger, salbiger, flüssiger und gasförmiger Art, als einer äußerst wichtigen Grundlage der chemischen Industrie.

Schwelgas, also das bleibende („permamente"), das heißt bei normalen Temperaturen nicht verflüssigbare Gas aus dem Schwelvorgang, hat nach Ausgangsstoff und Führung des Schwelprozesses einen unteren Heizwert zwischen etwa 3000 und 7300 kcal/Nm³. Es ist *motorisch gut verwendbar*, dient meist aber nicht unmittelbar dem Betrieb von Verbrennungskraftmaschinen, sondern der Beimischung zu Stadt- oder Ferngas (Zahlentafel 1, Nr. 21 bis 24).

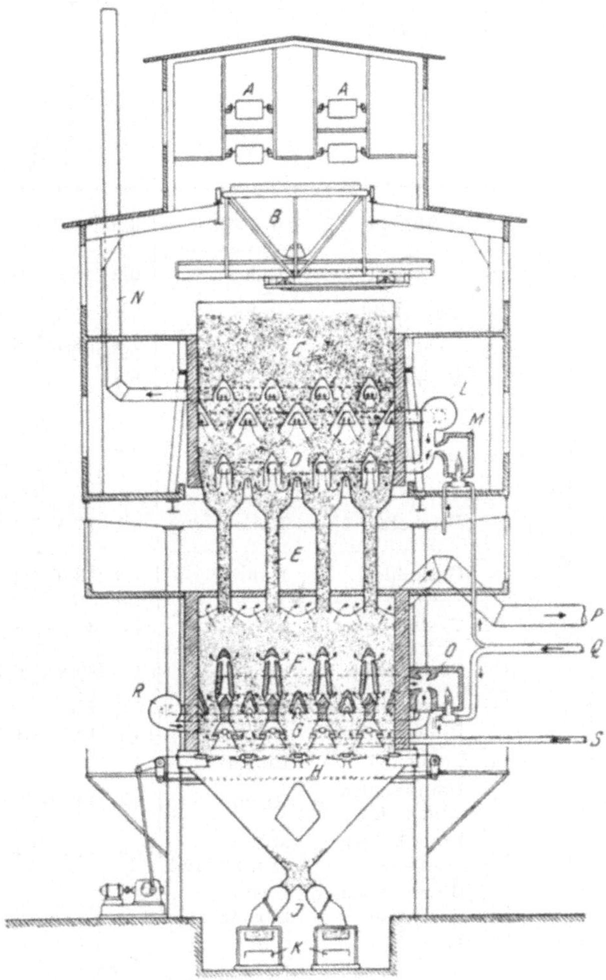

Abb. 5. Schema einer Groß-Schwelanlage für Braunkohle (Lurgi, Frankfurt/Main). *A* Schwelgut-Zufuhr; *B* Beschickungswagen; *C* Bunker für Schwelgut; *D* Trockenzone; *E* Verbindungsschächte; *F* Schwelzone; *G* Vergasungszone für Schwelrückstand (Schwelkoks); *H* Austragevorrichtung für Rückstand; *J* Schleusen für Rückstand; *K* Kastenförderer; *L* Umwälzgebläse für Trockenzone; *M* Verbrennungsofen für Trockenzone; *N* Schornstein; *O* Verbrennungsofen für Schwelzone; *P* Abzug von Spülgas-Schwelgas-Gemisch; *Q* Zufuhr von gereinigtem Spülgas; *R* Absaugegebläse für Vergasungsgas; *S* Zuführung von Luft und Wasserdampf zur Vergasung des Kohlenstoffes im Schwelrückstand

Den nach der Entschwelung zurückbleibenden Koks nennt man *Schwelkoks*. Er hat einen tiefliegenden Selbstzündpunkt (Entflammungspunkt) (Zahlentafel 3). Der Schwelkoks aus Torf heißt *Torfkoks*, aus Holz *Holzkohle* (Zahlentafel 4, Nr. 28 bis 32). Bei genügender „natürlicher" (nach Austragung aus dem Ofen und Abkühlung) Festigkeit oder nach Brikettierung (Zusammenpressung unter hohem Druck — meist unter Zufügung eines Bindemittels) eignet sich der *Schwelkoks* recht *gut zur Vergasung*, zumal er nur niedrige Vergasungsschicht verlangt und reaktionsfreudig ist (in Abb. 5 der Schwelung nachgeschaltet).

Zahlentafel 4. Auswahl charakteristischer Vergasungsbrennstoffe

Nr.	Sorte	Herkunft	Auf trockenen Brennstoff bezogen: Asche %	flüchtige Bestandteile %	Koks %	Gesamt-Schwefel %	brennbarer Schwefel %	Halbkoks %	Urteer %	Schwelwasser %	Gas-Verlust %	Heizwert: oberer kcal/kg	Heizwert: unterer kcal/kg	Schmelzpunkt der Asche °C	Wasser %	Bemerkungen
1.	Anthrazit	Aachen	3,0	8,0		1,07	0,90	96,8		1,9	1,3	8340	8150	1280	0,90	Sophia Jacoba
2.	Anthrazit	Ruhr	6,3	8,5	pulvrig	1,18	0,97	98,2	Spur	0,8	1,0	7915	7730	1080	1,5	Langen-brahm
3.	Magerkohle	Ruhr	8,1	9,4		1,08	0,99	96,7		1,8	1,5	7840	7630	1180	3,6	Heinrich
4.	Magerkohle	Ruhr	7,4	8,7		1,03	0,90	96,5		1,9	1,6	8020	7810	1250	4,0	Alstaden
5.	Magerkohle	Ruhr	5,7	9,8		1,03	0,80	95,6	0,1	1,2	3,1	8110	7900	1270	3,5	Diergardt-Mevissen
6.	Eßkohle	Ruhr	2,8	17,3	gesintert	1,71	1,57	89,2	5,3	2,0	3,5	8377	8147	1200	1,8	
7.	Fettkohle	Ruhr	8,8	27,5	gebacken	1,16	0,97	81,0	10,0	2,5	6,5	7880	7640	1120	2,5	Werne
8.	Gaskohle	Ruhr	7,5	33,0		1,20	1,09	76,5	12,0	6,5	5,0	7787	7520	1200	2,5	
9.	Gasflammkohle	Ruhr	4,5	35,7	gesintert	1,24	1,17	74,3	12,5	7,5	5,7	8030	7750	1250	4,7	
10.	Flammkohle	Saar	4,5	39,3		0,75	0,60	72,0	13,0	8,0	5,7	7410	7130	1200	3,0	
11.	Pechkohle	Ober-Bayern	0,8	43,5		4,71	3,91	69,6	9,2	11,0	10,2	5925	5708	1100	14,2	
12.	Braunkohle	Böhmen	13,4	43,7		1,76	1,63	66,8	13,6	9,4	10,2	6192	5910	1380	27,4	
13.	Lignit	Bulgarien	18,4	39,3		1,62	1,36	82,3	7,8	6,2	3,7	5872	5612	1330	14,0	
14.	Braunkohlen-Briketts	Rhein	6,4	50,8	pulvrig	0,90	0.35	60,8	9,5	10,7	19,0	5725	5440	1300	15,3	
15.	Braunkohlen-Briketts	Mittel-Deutschland	11,9	53,8		3,16	2,06	55,2	18,5	8,0	18,3	6085	5716	1280	12,2	
16.	Braunkohlen-Briketts	Nieder-Lausitz	7,5	55,5		0,94	0,56	56,0	9,5	18,0	16,5	5131	4809	1245	13,7	
17.	Torf	Oldenburg	1,7	65,9		0,34	0,33	42,5	13,5	22,0	22,0	5028	4721	1195	18,6	lufttrocken
18.	Buchenholz	Deutschland	0,06	86,9		0,02	0,02	24,3	30,0	30,0	15,7	4454	4090	—	17,7	lufttrocken
19.	Fichtenholz	Deutschland	0,14	86,7	leicht gesintert	0,03	0,03	26,5	28,8	30,5	14,2	4452	4075	—	12,1	lufttrocken
20.	Eukalyptusholz	Abessinien	1,27	80,3		0,06	0,03	27,5	21,3	29,6	21,6	4409	4046	—	15,7	lufttrocken
21.	Quebrachoholz	Süd-Amerika	1,59	72,7		—	—	41,8	10,7	30,3	17,2	4770	4490	1290	8,1	lufttrocken
22.	Palmnußschalen	Spanien	7,2	85,6		0,40	0,29	36,2	20,0	25,4	18,4	4641	4300	940	11,5	lufttrocken
23.	Erdnußschalen	Afrika	2,3	71,8		0,15	0,14	37,4	15,4	25,3	21,9	4884	4604	1170	10,0	lufttrocken
24.	Reishülsen	Indien	18,9	65,8		0,07	0,06	43,7	19,5	20,0	17,2	3904	3581	—	8,0	
25.	Brechkoks IV	Ruhr	10,7	0,6		1,85	1,33	—	—	—	—	6983	6977	—	8,9	Harpener Bergbau
26.	Brechkoks V	Nieder-schlesien	10,6	2,3		0,95	0,28	—	—	—	—	6870	6835	1325	2.9	Walden-burg
27.	Brechkoks IV	Nieder-schlesien	11,7	2,6	pulvrig	2,03	1,13	—	—	—	—	6925	6895	1235	4,9	
28.	Braunkohlen-Schwelkoks I	Böhmen	17,5	8,7		1,03	0,73	94,7	0,2	1,7	3,4	6550	6440	1050	15,5	Brüx
29.	Braunkohlen-Schwelkoks II	Böhmen	23,9	10,5		4,35	4,10	93,0	Spur	2,7	4,3	6190	6100	1150	10,0	Sudeten
30.	Torfkoks	Oldenburg	6,0	12,1		0,42	0,34	95,7	0,1	2,3	1,9	7440	7290	1060	7,5	
31.	Holzkohle	Hessen	3,0	10,5		—	—	—	—	—	—	7852	7708	—	—	Hiag
32.	Holzkohle	Abessinien	7,2	11,3		0,4	0,2	—	—	—	—	6901	6749	—	6,5	

Die *Hochtemperatur-Entgasung* — *Verkokung* — ist in erster Linie auf die Gewinnung eines guten Kokses für die Verhüttung von Erzen abgestellt. Kokerei-Gas, Benzol usw. gehören dann zu den „Nebenerzeugnissen". Die Öfen bestehen meist aus einer großen Anzahl hoher, zylindrischer, außenbeheizter Kammern (Abb. 6). Zur Heizung wird Überschußgas, Hochofen- oder Generatorgas verbrannt. Zur Beschickung der Öfen dient Steinkohle — auch in Staubform —, die möglichst gute Backeigenschaften haben muß, um einen festen Koks zu geben. Nichtbackende Steinkohlen brauchen also einen Zuschlag backender. Der *Koks* wird noch glühend ausgestoßen, mit Wasser abgelöscht, dann seinem Verwendungszweck entsprechend gebrochen und nach Korngröße abgesiebt (klassiert). Das Schema einer Koksofenanlage zeigt Abb. 7. *Großkoks* (über 80 mm) dient vor allem als Brennstoff für Hochöfen (Roheisengewinnung) und für Kupolöfen (Gußeisen-Gewinnung). *Brechkoks* (Zahlentafel 4, Nr. 25 bis 27) I bis IV[1] verwendet man in Zentralheizungen, Brechkoks IV auch zur Vergasung. Feinkoks mischt man gern in Kohlenstaubfeuerungen zur Feinkohle. Man nennt den Koks mitunter auch *Hüttenkoks*.

Abb. 6. Ansicht einer Anlage mit zwei Koksofenbatterien. Tagesleistung 1400 t Steinkohle, 440 000 Nm³ Ferngas. Bauart Dr. Otto, Bochum

Bei der *Verkokung* ist der Anteil bleibender Gase im Verhältnis zu den flüssigen Kohlenwasserstoffen größer als bei der Schwelung. Das der Kohle entzogene, gewaschene und gereinigte — z. B. von Schwefelverbindungen befreite — Gas nennt man *Hüttengas*, *Ferngas*, *Stadtgas* oder *Leuchtgas*. Der untere Heizwert liegt um 4400 kcal/Nm³ (Zahlentafel 1). Es ist nach Waschung und Entschwefelung ein sehr guter Kraftstoff für Verbrennungskraftmaschinen, in erster Linie für reine Otto-, aber auch für Zündstrahlmotoren. Erinnert sei daran, daß die Motorisierung der Welt mit dem Leuchtgas-Motor seinen Anfang nahm (Nikolaus August Otto, 1864). „Leuchtgas" ist aber teuer. Außerdem steht es nicht überall als Ferngas oder Stadtgas zur Verfügung. Die Erzeugung wird erst in großen Anlagen wirtschaftlich. Für einzelne Betriebe mit Verbrennungskraftmaschinen hat man daher schon bald, nachdem der Gasmotor sich als betriebsichere Antriebskraft bewährte, die *Vergasung* fester Brennstoffe entwickelt.

[1] „Klassierung", s. Zahlentafel 5, S. 46.

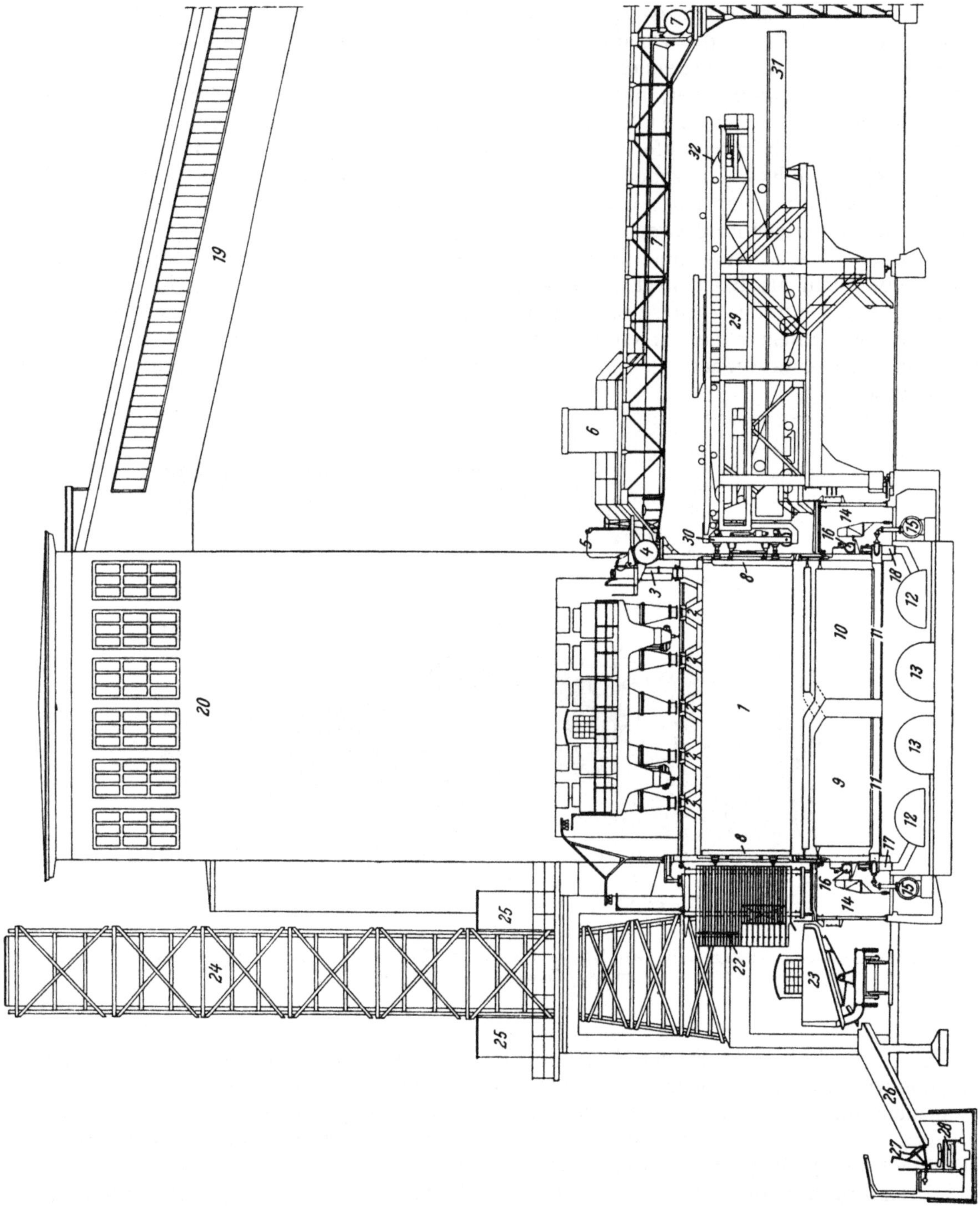

Abb. 7. Kreisstrom-Verbund-Koksofen-Anlage (Heinrich Koppers, Essen). *1* Koksofenkammer; *2* Füllöcher; *3* Steigerohr; *4* Vorlage; *5* Ammoniakwasser-Spülleitung; *6* Reglerhaus; *7* Rohrgassammelleitung; *8* Koksofentür; *9* Regenerator für Schwachgas bzw. Luft oder Abgas; *10* Regenerator für Abgas oder Schwachgas bzw. Luft; *11* Regeneratorsohlkanal; *12* Abgaskanal; *13* Kühlluftkanal; *14* Begehkanal; *15* Schwachgasleitung; *16* Starkgasleitung; *17* Kniestücke f. Schwachgas bzw. Luft od. Abgas; *18* Kniestück für Abgas oder Schwachgas bzw. Luft; *19* Transportband zum Kohlenturm; *20* Kohlenturm; *21* Kohlenfüllwagen; *22* Kokskuchenführungswagen; *23* Kokslöschwagen mit Elektro-Lokomotive; *24* Kokslöschturm; *25* Löschwasserhochbehälter; *26* Koksabwurframpe; *27* Staurechen; *28* Rampenabzugsband zur Kokssieberei; *29* Koksausdrückmaschine; *30* Türabhebe- und Verriegelungsvorrichtung; *31* Koksausdrückstange; *32* Planierstange

Die Vergasung

Vergasung im *weiteren*, wörtlichen Sinne bedeutet vollständige Umwandlung eines festen (oder flüssigen) Stoffes in Gas. Eine Vergasung dieser Art ist auch die Verbrennung. Da die für die Brennstoffverwertung wesentlichen Grundstoffe Kohlenstoff C und Wasserstoff H_2 sind, ist die Verbrennung gekennzeichnet durch die Verbindung der Kohlenstoffanteile zu Kohlensäure (Kohlendioxyd) CO_2 und der Wasserstoffanteile zu Wasser(-Dampf) H_2O. So wird die volle, im Brennstoff enthaltene chemische Energie als *Wärme* („fühlbare Wärme") in der Feuerung verfügbar. (Schwefel und etwaige andere brennbare Anteile sind für die *Wärmeerzeugung* ohne Belang.) Eine Verbindung der vollständigen Verbrennung mit Drucksteigerung geschieht in der Verbrennungskraftmaschine — auch in den „Gaserzeugern" (z. B. Freikolbenverdichtern) für Gasturbinen. Diese Verbrennungsgas-Erzeuger werden hier nicht behandelt, sondern Kraftgas-Erzeuger als Untergruppe der Brenngas-Erzeuger.

Vergasung im *engeren* Sinne bedeutet also die praktisch vollständige *Umwandlung* eines festen (oder flüssigen) Brennstoffes *in Brenngas*, mit möglichst geringem Wärmeverlust. Als *Vergasungsmittel* dienen für die Verbrennungskraftanlagen *Luft*, genauer der in ihr enthaltene Sauerstoff O_2 und *Wasserdampf* H_2O. Durch die Umwandlung in Gas erreicht man eine gute motorische Verwertbarkeit des nun voluminösen, im Motor mit Verbrennungsluft leicht mischbaren Kraftstoffes. Im Zuge der Vergasung und der nachgeschalteten Gasreinigung lassen sich im festen Brennstoff vorhandene, motorschädliche Verunreinigungen, z. B. Schwefel und Asche, in ausreichendem Maße und mit einfachen Mitteln entfernen.

Die Vergasung geschieht im *Gaserzeuger*, häufig „Generator" genannt (lateinisch = Erzeuger). Die treffendste Bezeichnung wäre „Vergaser" — doch hat sich dieser Name fälschlicherweise für die Leichtöl-(Benzin-, Benzol-)*Verdampfer* an Ottomotoren seit der Entwicklung dieser Maschinen eingeführt, so daß er zur Vermeidung von Irrtümern für Vergaser *fester* Brennstoffe nicht angewandt werden sollte.

Das grundlegende Ergebnis der Vergasung des *Kohlenstoffes* als Hauptbestandteil jedes festen Brennstoffes — wie etwa als Holzkohle darstellbar — mit trockener Luft ist seine Verbindung zu Kohlenoxyd, und zwar genauer Kohlenmonoxyd CO, was man $2\,C + O_2 = 2\,CO$ schreiben kann. Ein solches nur mit Luft erzeugtes Gas nennt man *Luftgas*. Führt man diesem Gas wiederum Luft zu und entzündet es, dann entsteht das End-Verbrennungsgas Kohlensäure (Kohlendioxyd, CO_2) nach $2\,CO + O_2 = 2\,CO_2$. Das Ergebnis ist das gleiche wie die unmittelbare Verbrennung von Kohlenstoff nach $C + O_2 = CO_2$. Die Vergasung und Gasverbrennung ist also eine Kohlenstoff-Verbrennung in zwei Stufen. In jeder Stufe wird Wärme erzeugt. Da man Gas für Verbrennungskraftmaschinen aber der Reinigung und Fortleitung wegen und auch, um dem Kolbenmotor eine gute Füllung zu sichern, gern kühl haben möchte, sucht man, das Gas selbst möglichst *ohne* eigene („fühlbare") Wärme zu gewinnen. Die reine Kohlenstoffvergasung verläuft nun ihrerseits so, daß zunächst eine Verbrennung $C + O_2 = CO_2$ und dann eine Reduktion $CO_2 + C = 2\,CO$ erfolgt. Hier benutzt man die bei der CO_2-Bildung frei werdende Wärme, um mit der Vergasungsluft eingeführten *Wasserdampf* H_2O in Wasserstoff H_2 und Sauerstoff O_2 zu spalten. Während der Wasserstoff einen wesentlichen Heizwert-Anteil zum *Brenngas* liefert, dient der Sauerstoff in Gegenwart des Kohlenstoffes weiterer Bildung von CO. Das Ergebnis der idealen Vergasung reinen Kohlenstoffes wäre also ein Gemisch von CO und H_2 mit dem Stickstoff der Vergasungsluft. Ein solches Generatorgas aus Kohlenstoff nennt man „Mischgas" oder „Luftwassergas", weil das Vergasungsmittel eine Mischung von Luft und Wasserdampf darstellt.

Das Ziel einer *vollen* Verwertung der Überschußwärme durch Wasserdampfspaltung ist aus Gründen des chemischen Gleichgewichtes (S. 14) nicht ganz zu erreichen, aber auch vom praktischen Standpunkt des Motorenbetriebes meist gar nicht erstrebt, denn es handelt sich fast nie um die Vergasung chemisch *reinen* Kohlenstoffes — Holzkohle und Koks kommen dem am nächsten —, sondern eines unmittelbar oder mittelbar natürlichem Vorkommen entnommenen Brennstoffes, in dem der Kohlenstoff zwar meist den Hauptbestandteil bildet, der aber außerdem noch Kohlenwasserstoffe in verschiedenster Form und Beständigkeit, ferner Wasser (Feuchte), Asche und andere Beimengungen enthält. Die Kohlenwasserstoffe nun *auch* zu vergasen, ist die zweite Aufgabe der Ausnutzung der Überschußwärme.

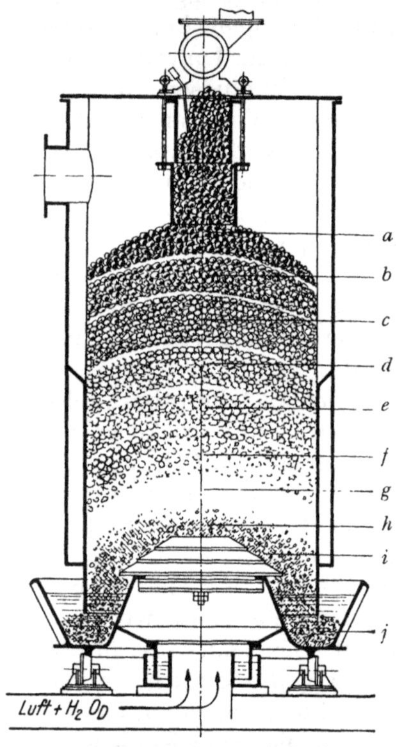

Abb. 8. Zonenschema: Aufsteigende oder Gegenstrom-Vergasung. Erklärung nebenstehend

Erklärung zu Abb. 8

Zone	Benennung	Temperatur	Physikalisch-chemische Vorgänge
a	Roher Brennstoff	20—80°	Beginnende Trocknung
b	Trockenzone	80—100°	Trocknung $H_2O_{Fl} \rightarrow H_2O_D - 10\,700$ kcal
c	Vorwärmezone	100—200°	Beendigung der Trocknung
d	Entgasungszone	200—600°	Abgang der flüchtigen Bestandteile, Kohlendioxyd, Kohlenoxyd, Wasserstoff, Methan, Äthan, Teerdämpfe
e	Vorwärmezone des entgasten Brennstoffes	600—800°	Rußabscheidung durch Dissoziation des Kohlenoxyds $2\,CO = CO_2 + C + 38\,800$ kcal
f	Reduktionszone	800—1000°	Reduktion des Kohlendioxyds $CO_2 + C = 2\,CO - 38\,800$ kcal Unzersetzter Wasserdampf reagiert mit CO $H_2O_D + CO = H_2 + CO_2 + 10\,400$ kcal
g	Oxydationszone	1000—1300°	Kohlenstoff verbrennt mit O_2-Überschuß $C + O_2 = CO_2 + 97\,600$ kcal Kohlenstoff verbrennt mit O_2-Mangel $C + O = CO + 29\,400$ kcal Entstandenes CO verbrennt zu CO_2 $CO + O = CO_2 + 68\,200$ kcal Entstandene CO_2 reduziert zu CO $CO_2 + C = 2\,CO - 38\,800$ kcal Wasserdampf zersetzt sich zu $CO + H_2$ $C + H_2O_D = CO + H_2 - 28\,400$ kcal Wasserdampfüberschuß reagiert mit C $C + 2\,H_2O_D = CO_2 + 2\,H_2 = 18\,000$ kcal
h	Aschen- und Schlackenzone	1200—800°	In Asche eingeschlossene Brennstoffstücke brennen aus
i	Kühlzone	800—200°	Zugeführte Luft und Wasserdampf kühlen Asche und Schlacke
j	Aschenschlamm und Schlacke	80—20°	Durch Wasser in der Aschenschüssel Abkühlung auf Normaltemperatur. Wasserverdunstung innerhalb der Schüssel

Die Kohlenwasserstoffe wandeln dabei unter den Einwirkungen der Vergasungsluft, des Vergasungs-Wasserdampfes und der Wärme, denen sie im Gaserzeuger unterworfen werden, und in Gegenwart des glühenden Kohlenstoffes vielfach ihre chemische Gestalt. Die *Ver*gasung wird daher fast stets durch eine *Ent*gasung ergänzt (S. 6).

Das Ziel der hier behandelten Gaserzeugung liegt also darin, mit hohem Wirkungsgrad (Verhältnis der gebundenen Gaswärme zur gebundenen Wärme des zu vergasenden Brennstoffes) ein nach Heizwert und Zusammensetzung in allen Leistungs-(Belastungs-) stufen möglichst gleichbleibendes, motorisch gut entflamm- und brennbares, „motorreines", daher den Motor schonendes, Gas zu erhalten. Schon hier möge darauf hingewiesen werden, daß der Betriebsführer in bestimmten Grenzen die Möglichkeit hat, die

Gaszusammensetzung dem Motorbetrieb anzupassen, besonders das Verhältnis zwischen dem, langsame Verbrennung fördernden, Anteil Kohlenoxyd und auch Methan gegenüber dem, schärfere Verbrennung bewirkenden, Wasserstoff. Als Mittel dienen der Dampfanteil zur Vergasungsluft und die Einhaltung oder Einstellung der günstigsten Schütthöhe. Die wichtigsten Kennwerte verschiedener Generatorgase gibt Zahlentafel 1.

Die *grundsätzliche Gestalt des Gaserzeugers* für Verbrennungskraftmaschinen ist ein senkrecht stehender Schachtofen. Wir betrachten zunächst die meist angewandte Bauart, wo der zu vergasende Brennstoff oben eingefüllt wird und dem Abbrand entsprechend absinkt, während die Vergasungsmittel Luft und Wasserdampf unten durch das Aschebett eingeführt werden, dem Vergasungsgut also entgegenströmen. Das Gas wird oben nach Verlassen der Brennstoffschicht abgezogen. Dieses Arbeitsverfahren heißt „*aufsteigende*" oder "*Gegenstrom*"-Vergasung.

Um die Asche, die teilweise zu Schlackenstücken gesintert sein kann, leicht zu entfernen, läßt man meist den Rost, durch den Vergasungsluft und Wasserdampf strömen, sich drehen, daher der häufig gebrauchte Name „Drehrostgaserzeuger".

Die Vorgänge, die sich in einem solchen „klassischen" Gaserzeuger abspielen, erläutert Abb. 8 mit der nebenstehenden Erklärung. Hierin bedeuten H_2O_{Fl} Wasser als Flüssigkeit und H_2O_D Wasser als Dampf. Die Wärme-„Tönung" jedes Vorganges ist in kcal angegeben. Bei Betrachtung möge man sich stets vor Augen halten, daß die einzelnen Vorgänge je nach dem Brennstoff und nach der Führung der Vergasung sich ändern können. Die Legende zu der Abbildung ist daher als ein *im Mittel* geltender Anhalt zu werten, und zwar für einen Brennstoff mit verhältnismäßig hohem Kohlenwasserstoff- und Wasser- (Feuchtigkeits-)Gehalt.

Nach JOKLIK erfolgen bei den Vergasungs-Vorgängen die folgenden Reaktionen:

Zunächst kann der mit der Luft dem glühenden Kohlenstoff C zugeführte Sauerstoff O_2 drei chemische Vorgänge ergeben, und zwar:

1. die Verbrennung des Kohlenstoffes C bei Sauerstoffüberschuß zu Kohlensäure (Kohlendioxyd) CO_2 nach der Gleichung

$$C + O_2 = CO_2 + 97\,600 \text{ kcal/Mol};$$

2. die Verbrennung von glühendem Kohlenstoff bei Sauerstoffmangel zu Kohlenoxyd (Kohlenmonoxyd) CO nach der Gleichung

$$C + O = CO + 29\,400 \text{ kcal/Mol};$$

3. die Verbrennung des nach Gl. (2) entstandenen Kohlenoxyds in Gegenwart von Sauerstoff zu Kohlendioxyd nach der Gleichung

$$CO + O = CO_2 + 68\,200 \text{ kcal/Mol}.$$

Der Wasserdampf H_2O_D, welcher der Luft beigemischt ist, reagiert in Gegenwart von glühendem Kohlenstoff nach zwei Gleichungen, und zwar:

4. Bei höchsten Temperaturen zersetzt sich der Wasserdampf in Gegenwart von Kohlenstoff zu Kohlenoxyd und Wasserstoff nach der Gleichung

$$C + (H_2O_{\text{Dampf}}) = CO + H_2 - 28\,400 \text{ kcal/Mol}.$$

5. Bei mittelhohen Temperaturen zersetzt sich der Wasserdampf in Gegenwart von Kohlenstoff zu Kohlendioxyd CO_2 und Wasserstoff nach der Gleichung

$$C + (2\,H_2O_{\text{Dampf}}) = CO_2 + 2\,H_2 - 18\,000 \text{ kcal/Mol}.$$

6. Das nach den Gln. (1), (3) und (5) entstehende Kohlendioxyd reduziert mit dem glühenden Kohlenstoff zu Kohlenoxyd nach der Gleichung

$$CO_2 + C = 2\,CO - 38\,800 \text{ kcal/Mol}.$$

7. Das nach den Gln. (2), (4) und (6) entstehende Kohlenoxyd reagiert mit Wasserdampf zu Kohlendioxyd und Wasserstoff nach der Gleichung

$$H_2O_D + CO = H_2 + CO_2 - 10\,400 \text{ kcal/Mol}.$$

8. Im kälteren Gaserzeugeroberteil reagiert durch Zerfall das Kohlenoxyd zu Kohlendioxyd und Kohlenstoff (Rußabscheidung)

$$2\,CO = CO_2 + C + 38\,800\,\text{kcal/Mol.}$$

An welchen Stellen des üblichen, mit aufsteigender Vergasung (im Gegenstrom von Brennstoff und Luft) arbeitenden Gaserzeugers und unter welchen ungefähren Temperaturen die erwähnten chemischen Reaktionen auftreten, ist aus Abb. 8 zu ersehen.

Die Art der Verbrennung des elementaren Kohlenstoffes im Gaserzeuger ist heute noch eine umstrittene Frage. Anhänger der Reduktionstheorie verfechten die Ansicht, daß in der untersten Zone, also in der Oxydationszone des Gaserzeugers, der dem glühenden Kohlenstoff zugeführte Sauerstoff eine Verbrennung zu Kohlendioxyd CO_2 bewirkt und das in der darüberliegenden Reduktionszone durch den ebenfalls glühenden Kohlenstoff (C) das Kohlendioxyd zu Kohlenoxyd (CO) nach Gl. (6) unter Wärmeverbrauch zersetzt wird.

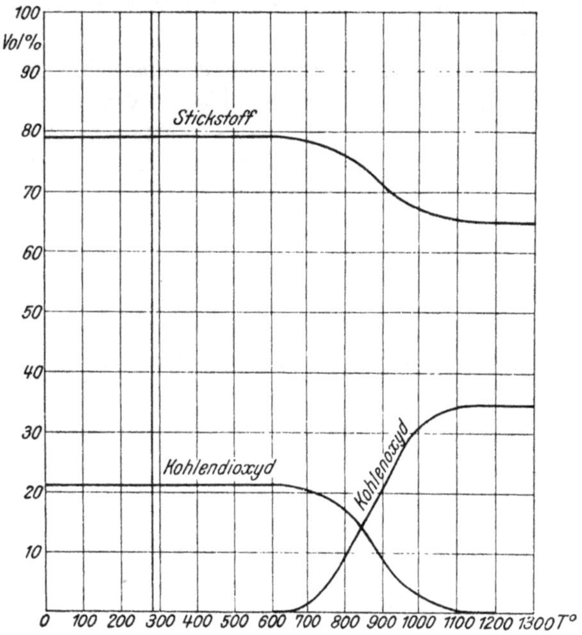

Abb. 9. BOUDOUARDsches Gleichgewicht

Die anteilmäßige Reduktion des Kohlendioxyds in Gegenwart von Kohlenstoff zu Kohlenoxyd erfährt mit steigender Temperatur nach BOUDOUARD eine Zunahme bis etwa 1100° C. Abb. 9 zeigt den Gleichgewichtszustand nach BOUDOUARD bei Vergasung mit Luft, also in Gegenwart von Stickstoff.

Die Anhänger der „Primärtheorie" bestreiten eine Reduktion des Kohlendioxyds in dieser Zone und meinen, daß in der Oxydationszone der Kohlenstoff ausschließlich zu Kohlenoxyd verbrenne, denn bei der hohen Temperatur sei Kohlendioxyd nicht mehr beständig. Ein Teil des entstehenden Kohlenoxyds wird nach dieser Theorie in Gegenwart von Sauerstoff zu Kohlendioxyd verbrannt, welches aber nicht beständig bleibt, denn es wird am unmittelbar darüberliegenden glühenden Kohlenstoff zu Kohlenoxyd reduziert. Ist der Sauerstoff verbraucht, so kann kein Kohlenoxyd mehr verbrennen und dieses bleibt trotz niedrigeren Temperaturen beständig.

Im Grunde genommen ist aber diese letzte Phase der Beständigkeit des Kohlenoxyds nach vorhergehender Entstehung aus Kohlendioxyd nichts anderes als eine Reduktion, und es besteht somit tatsächlich oberhalb der Oxydationszone eine Reduktionszone.

In Abb. 8 sind in der Oxydationszone sechs chemische Vorgänge aufgezeigt, und es ist anzunehmen, daß sich diese wie folgt ergeben:

Durch Luftüberschuß werden in der untersten Schicht der Oxydationszone in Asche eingebettete Kohlenstoffteilchen und strömungsmäßig günstig liegende Kohlenstoff-Flächen vorwiegend zu Kohlendioxyd verbrannt. Strömungsmäßig ungünstig liegende Kohlenstoff-Flächen, die der Luftrichtung abgekehrt liegen, aber doch durch von unten aufsteigendes Kohlendioxyd umwirbelt werden, verbrennen bei Sauerstoffmangel zu Kohlenmonoxyd. Tiefer in die Brennstoffschicht eindringender Sauerstoff bindet sich zum Teil rascher mit dem gasförmigen Kohlenmonoxyd als mit dem amorphen Kohlenstoff zu Kohlendioxyd. Dieses wird wieder beim Auftreffen auf das nächste Kohlenstoffteilchen bei der hohen Temperatur zu Kohlenmonoxyd reduziert. Diese rasch und wechselweise auftretenden Reaktionen und Reduktionen werden begünstigt oder gehemmt durch die ständig in Bewegung befindlichen Kohlenstoffteilchen und in eine andere Lage fallenden Kohlenstoff-Flächen. Jedes Kohlenstoffteilchen oder jede Kohlenstoff-Fläche nimmt infolge des Schwindens der Kohlenstoffmasse nach kurzer Zeitspanne eine andere Lage ein und gibt dem entgegenströmenden Luftsauerstoff oder dem entstandenen Kohlendioxyd und auch dem indifferenten Luftstickstoff stets geänderte Angriffsmöglichkeiten und Strömungswege. Es ist ohne weiteres vorstellbar, daß Kohlenstoff-Flächen stets wechselnd kurz hintereinander von Sauerstoff, Kohlendioxyd, Kohlenmonoxyd und Stickstoff angegriffen werden, oder aber, daß infolge besonderer Lage längere Zeit nur eine Beaufschlagung durch Sauerstoff oder Kohlendioxyd oder auch durch ein anderes Gas erfolgt. Durch längere oder kürzere Beaufschlagung von Kohlenstoff-Flächen mit Gasen, die eine mehr oder minder wärmeentwickelnde oder wärmeverbrauchende Reaktion oder eine kühlende oder beharrende Wirkung (Beaufschlagung durch Stickstoff) hervorrufen, wird die Temperatur dieser Flächen stark schwanken. Das ist bei genauer Beobachtung eines Feuers, besonders bei Verbrennung von Holzkohle, leicht zu erkennen.

Daß der der Vergasungsluft zugesetzte Wasserdampf ebenfalls wechselvollen Reaktionen unterworfen ist, wird nach Vorstehendem leicht erkennbar sein.

So kann zusammenfassend festgehalten werden, daß in der Oxydationszone, der Zone höchster Temperaturen, vorwiegend wärmeentwickelnde Reaktionen auftreten, die durch Sauerstoffverbrauch gekennzeichnet sind, während in der nachfolgenden Reduktionszone die wärmeverbrauchende Reaktion des Kohlendioxyds vorherrscht.

Da der wirkliche Brennstoff nun nicht reiner Kohlenstoff ist und auch die chemischen Vorgänge, besonders die Reduktion, nicht verlaufen, ohne eine Restwärme zurückzulassen, so entweichen die Gase aus der Reduktionszone noch mit 600° bis 800° (Abb. 8). Der Brennstoff wird in der darüberliegenden Zone vorgewärmt, in der weiter darüberliegenden Zone werden die flüchtigen Bestandteile, in erster Linie die Kohlenwasserstoffe, ausgeschwelt, und die Restwärme dient der Trocknung des Brennstoffes.

Ein auf diese Art gewonnenes Generator-Gas hat für Gasmotoren eine recht günstige Beschaffenheit, aber *unter der Voraussetzung*, daß es von den Dämpfen schwerer Kohlenwasserstoffe, von Ruß und staubigen Verunreinigungen befreit wird. Weder schmirgelnder Staub *noch Teerreste* dürfen bis zum Motor gelangen. Teer bildet sich bei Abkühlung der genannten Dämpfe schwerer Kohlenwasserstoffe. Er verklebt die Regelorgane, Ventile und Kolbenringe und verschlechtert zudem das Schmieröl. Ferner soll das Gas *möglichst schwefelfrei* sein. Zur Schwefelbekämpfung müßte man sonst zu ähnlichen Methoden greifen, wie sie für schwefelhaltiges Gasöl bei Dieselmotoren angewandt werden — Schwefel ist als H_2SO_3 und H_2SO_4 vor allem schädlich für Gleitflächen im Motor.

In nicht zu kostspieliger und nicht zu großen Raum beanspruchender Apparatur ist die Abscheidung der schweren Kohlenwasserstoff-, also der Teer-Dämpfe nur erfolgversprechend, wenn der bei der Schwelprobe festzustellende „Gasgehalt" des Vergasungs-Brennstoffes einen gewissen Wert, nämlich etwa 8%, nicht übersteigt. Die *Beschaffenheit* des Teeres ist je nach Brennstoffart und Belastung des Gaserzeugers verschieden, und zwar ist der Teer, im allgemeinen bei jungen Brennstoffen, z. B. Holz, Torf, Lignit, Braunkohle, und bei nicht zu hoher Generatorbelastung leichter zu beseitigen als bei älteren Kohlearten und „heiß" betriebenem Gaserzeuger, besonders schwierig bei Fett- und Gas-Kohlen (Zahlentafel 4, Nr. 7 und 8).

Bedenkenlos können somit in dem bisher beschriebenen Verfahren, also im Gegenstrom (aufsteigend) vergast werden:

A. Anthrazit,
Magerkohle,
Brechkoks,
Torfkoks,
Holzkohle.

Der Teeranfall im Gas ist gering.

Zwar mit größerer Apparatur, aber doch verhältnismäßig leicht abzuscheiden sind die in *größerer Menge* anfallenden Teere bei aufsteigender Vergasung von

B. Holz,
anderen pflanzlichen Stoffen, z. B.
Reishülsen,
Palmkernschalen,
Kaffeehülsen, Erdnußschalen, ferner
Torf,
Roh-Braunkohle bis zu etwa **40%** Feuchte,
Lignit,
Braunkohlen-Briketts.

Um für die unter B genannten stark teerhaltigen Brennstoffe die Aufgaben der Teerbeseitigung zu vermeiden, wurde eine ***absteigende Vergasung*** entwickelt, bei der Brennstoff und Vergasungsluft sich von oben nach unten, also in gleicher Richtung bewegen (*Gleichstrom-Vergasung*, Abb. 10). Hier werden die sonst teerbildenden Kohlenwasserstoffe größtenteils zu Kohlendioxyd CO_2 und Wasserdampf H_2O *verbrannt*, also in ihrem molekularen Aufbau zerstört.

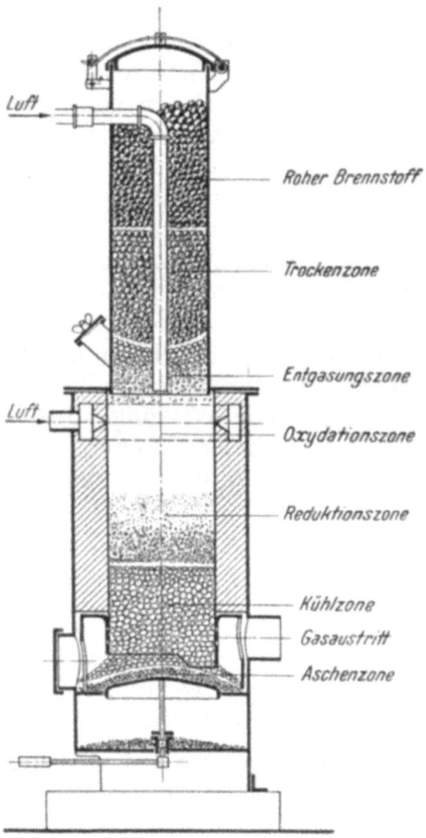

Abb. 10. Zonenschema: Absteigende oder Gleichstrom-Vergasung

Die Vergasungsluft kann man bei verhältnismäßig trockenem Brennstoff unmittelbar von oben auf das Brennstoffbett strömen lassen, oder, wie Abb. 10 zeigt, in eine Zone führen, die unterhalb des Brennstoff-Vorrates liegt, wo schon eine gewisse Entfeuchtung und beginnende Schwelung erfolgt. Die Brennstoff-Feuchte gibt den Dampfzusatz zur Vergasungsluft. Dies bedeutet, daß es für die absteigende Vergasung hinsichtlich der Feuchte des Brennstoffes betrieblich gesehen ein Optimum gibt: Günstig ist 10 bis 20% Wassergehalt des aufgegebenen Brennstoffes. Bei sehr trockenem Vergasungsgut fügt man etwas Wasser bei — träufeln in Mitteldüse! —, ausgesprochen nasses Material, z. B. frischgeschlagenes Holz, frischgestochener Torf, feuchte Rohbraunkohle, muß vorgetrocknet werden.

Die mit Wasserdampf angereicherte Luft bewirkt nun in der Oxydationszone, wie bei der aufsteigenden Vergasung, die Verbrennung bei Temperaturen um 1000°. Diese Verbrennung muß durch Bemessung des Luftzutrittes so geführt werden, daß noch genügend Kohlenstoff im nunmehr entstandenen Koks — bei Holzvergasung „Holzkohle" genannt — übrig bleibt, um im unteren Bereich des Gaserzeugers eine möglichst weitgehende Reduktion des CO_2 in CO zu ermöglichen. Auch die Wasserdampfspaltung soll am glühenden Kohlenstoff sich ähnlich wie bei der aufsteigenden Vergasung vollziehen. Da aber diese Vorgänge temperaturgebunden sind, läßt sich nicht vermeiden, daß bei der absteigenden Vergasung die *Ausbeute des Brennstoffes unvollständig* bleibt, oder anders ausgedrückt, die Asche noch ziemliche Anteile unverbrannten Kohlenstoffes enthält. Wegen dieser Unvollkommenheit gebraucht man die reine absteigende Vergasung nur an kleinen Anlagen. Den Charakter des gewonnenen Generatorgases zeigen die Ziffern 7 und 16 in Zahlentafel 1. Die *Gasreinigung* erfolgt grundsätzlich genau so, wie bei der aufsteigenden Vergasung von Koks, Anthrazit oder Holzkohle. Die *Reinigungsabwässer* sind *ungiftig* — ein wichtiger Vorzug gegenüber den Abwässern aus aufsteigender Vergasung.

Um nun den Wirkungsgrad der absteigenden Vergasung kohlenwasserstoffreicher Brennstoffe mit einem Feuchtigkeitsgehalt bis etwa 25% zu verbessern, praktisch aber ohne Teeranfall zu arbeiten, verbindet man die aufsteigende mit der absteigenden Vergasung. Man nennt die dafür eingerichteten Generatoren *Doppelfeuer-Gaserzeuger*.

Das Schema dieser Vergasungsart zeigt Abb. 11. Im Oberteil des Gaserzeugers wird der Brennstoff absteigend vergast, die Kohlenwasserstoffe werden also größtenteils verbrannt und die Verbrennungsgase, angereichert mit dem Wasserdampf — meist aus der Feuchte des Brennstoffes —, an dem sich unterhalb der Oxydationszone verbliebenen Koks reduziert. Nun braucht man keine Rücksicht darauf zu nehmen, daß noch ein wesentlicher *Teil* des Kohlenstoffes aus diesem Koks nicht verbraucht wurde, denn es folgt, wenn man den absinkenden, verkokten Brennstoff weiter betrachtet, nach unten hin eine normale Gegenstrom-, also *aufsteigende* Vergasung. Diese wird, wie beim reinen aufsteigenden Prozeß, praktisch vollständig, also bis auf die unverbrennliche Asche durchgeführt.

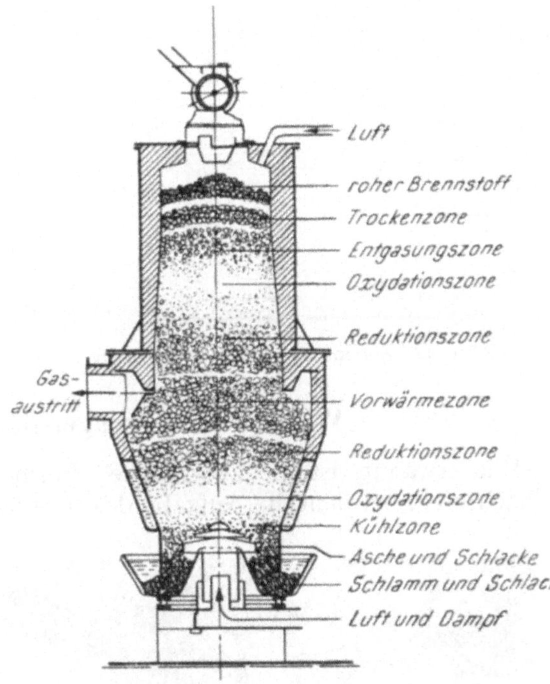

Abb. 11. Zonenschema: Doppelfeuer-Vergasung

Je nach Art des Brennstoffes wird man die *Anteile* des Luftstromes für das Oberfeuer einerseits und das Unterfeuer andererseits gegenseitig abstimmen: Brennstoffe mit höherem Kohlenwasserstoffgehalt werden in stärkerem Maße im Oberfeuer, Brennstoffe mit geringerem Kohlenwasserstoffgehalt mehr im Unterfeuer vergast.

Obwohl die Doppelfeuer-Vergasung, wie geschildert, günstiger als die reine absteigende Vergasung arbeitet, ist doch das *Verlustglied* „fühlbare Gaswärme" *größer* als bei der aufsteigenden Vergasung, weil bei der letztgenannten der Schwel-(Entgasungs-) Prozeß gleichsam eine Abwärmeverwertung darstellt, die dem Gesamtablauf durch Trocknung und Vorschwelung des Brennstoffes zugute kommt. Dies ist beim Doppelfeuerverfahren in einfacher Weise nicht durchführbar, denn der Koks gelangt in dunkler Rotglut und natürlich völlig wasserfrei in die Zone der aufsteigenden Vergasung. Man kann aber in einem *Wärmetauscher* die Oberfeuer-*Vergasungsluft vorwärmen*, womit man auch lebhafte Einleitung des Zündvorgangs — ähnlich wie bei Luftvorwärmung in Kesselfeuerungen — erreicht. Dadurch gelingt es, den größten Teil des Verlustes an fühlbarer Gaswärme auszugleichen, jedoch wird die Apparatur etwas teurer.

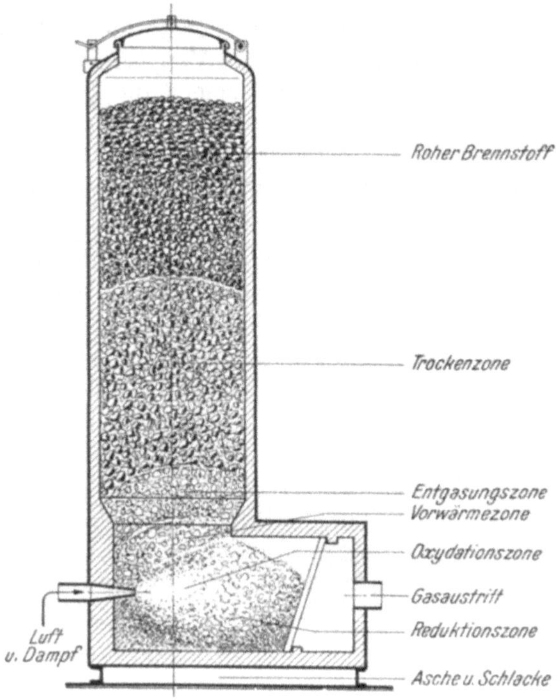

Abb. 12. Zonenschema: Quervergasung

Aschearme Brennstoffe — Spezialanthrazit, Holzkohle, auch sehr zünd- und reaktionswilliges trockenes Holz — kann man auch vergasen, wenn man mit Hilfe entsprechender Luftführung *quer* durch den Brennstoff eine *Hochglutzone* legt (*Quervergasung*) (Abb. 12). Dieses Verfahren wurde im Kriege vielfach in Fahrzeugen angewandt, wobei die Benzin-Ottomotoren auf Gasbetrieb umgestellt wurden. Der niedrige Aschegehalt der besonders für diesen Zweck ausgewählten Brennstoffe ermöglichte es, auch mit recht hochgetriebener Oxydationstemperatur und darin flüssig werdender, nach dem Ausbrand erstarrender Schlacke, lange genug ohne Reinigung des Feuerbettes den Betrieb aufrechtzuerhalten.

Wichtige Gaserzeuger-Bauarten für Gasmotoren

Wie erwähnt, ist die „klassische" Form des Gaserzeugers ein senkrecht stehender Schachtofen, bei dem die Aufgabe des Brennstoffs und der Gasaustritt oben, der Abzug des Unverbrannten unten erfolgen.

Abb. 13. Bühne einer Drehrost-Gaszentrale (Deutz[1]) mit halb selbsttätiger Beschickung aus Hochbunker durch Füllgefäße mit doppeltem Verschluß. Brennstoff: Anthrazit Nuß IV

Zur *Beschickung* (Brennstoffzuführung) findet man noch öfters ein zylindrisches Gefäß, selten mit einfachem, meist mit doppeltem Verschluß, wobei die Begichtung durch wechselseitig gesicherte Bedienung des unteren und oberen Verschlusses erfolgt (Abb. 13, 18). Für nicht stauenden, also genügend gleichmäßig „klassierten" rieselnden Brennstoff ist aber eine Dreh-*Zellenschleuse* praktischer.

Heute geschieht die Beschickung meist *voll-selbsttätig* (Abb. 14). Da die Schütthöhe und damit — bei richtig eingestellter Aschenaustragung — die Höhe des Glutbettes für den guten Gang der Vergasung entscheidend wichtig ist (S. 44), benutzt man meist

[1] Klöckner-Humboldt-Deutz-AG., Köln.

einen schwenkbaren Fühler (Abb. 14), den der aufgegebene Brennstoff nach auswärts drückt, wodurch er eine weitere Beschickung, z. B. die Drehbewegung der Schleuse und die Förderung des Becherwerkes abschaltet. Nach Absinken der Füllung infolge des Abbrandes schnellt der nun frei bewegliche Fühler durch einen Gewichtshebel vor und setzt den Beschickungs-Mechanismus wieder in Tätigkeit.

Beim Entleeren des Beschickungsgefäßes füllt sich der freigewordene Raum mit Gas, das dann bei neuer Brennstoffaufnahme in den darüber angeordneten Brennstoffbunker oder in die Zulaufschurre und ins Becherwerk verdrängt wird. Da *Generatorgas* infolge seines CO-Gehaltes recht *giftig* ist — CO verhindert in der Lunge die Sauerstoffaufnahme des Blutes — ist eine gute Belüftung zumal der Bunker oder strenges Verbot eines Betretens ohne Schutzmaske erforderlich.

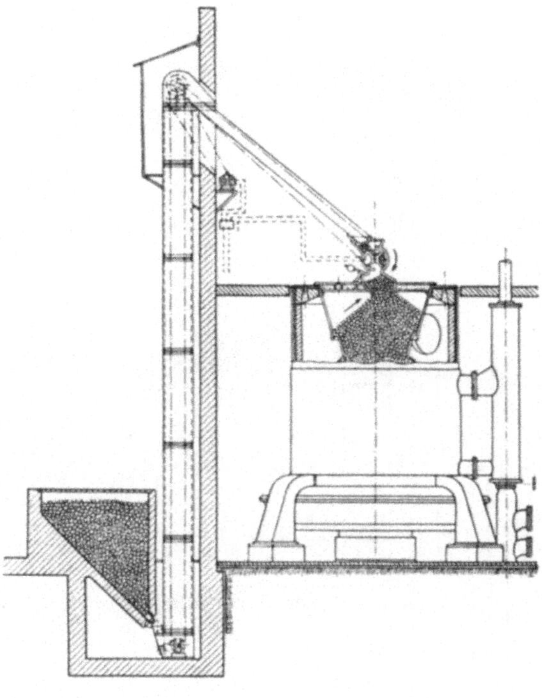

Abb. 14. Drehrost-Gaserzeuger mit voll selbsttätiger Beschickung aus Tiefbunker durch Becherwerk und Zellenschleuse

Abb. 15. Stochlochverschluß mit Windschleier. Luftzufuhr geschieht bei Öffnen des Verschlusses selbsttätig (Deutz)

Man kann aber auch das Entweichen von Gas in die Beschickungsapparatur dadurch verhüten, daß man ein wenig Luft unmittelbar unter den Brennstoffeinlauf strömen läßt, so daß sich die oberste Zone des Gasabzugsraumes damit ausfüllt und kein giftiges Gas austreten kann.

Der Deckel des Gaserzeugers ist mit leicht verschließbaren Öffnungen von etwa 30 mm Durchmesser versehen, durch die es ermöglicht ist, mit einer langen Stochstange aus Rundstahl das Brennstoffbett zu durchstoßen. Dieses oft mühsame und recht unerwünschte Stochen ist notwendig, wenn der Brennstoff in der Oxydationszone über seinen Asche-Schmelzpunkt erhitzt wurde, wodurch zähfeste *Schlacken* entstanden, die das gleichmäßige Durchströmen der Vergasungsluft und des Vergasungsdampfes störten und damit den Gang des Gaserzeugers ungünstig beeinflußten (S. 45). Die Schlackenklumpen müssen dann durch das Stochen zerkleinert werden. Herrscht im Gaserzeuger-Oberteil Überdruck (S. 29), so muß die Stochöffnung durch einen Luft-(„Wind"-) oder Dampfschleier Gasaustritt verhindern (Abb. 15). Bei aschereichem, stark schlackendem Brennstoff kann man zu mechanisch oder pneumatisch betätigten Stochmitteln greifen, um die Handarbeit zu verkleinern (Abb. 18).

Wie das Schlacken, so kann auch das bei bestimmten Steinkohlensorten im Temperaturbereich von etwa 500° bis 800° eintretende *Backen* den Gang des Gaserzeugers erschweren. Wenn möglich wählt man zwar für die Vergasung zum Betrieb von Gasmotoren nicht backende Brennstoffe (vgl. S. 50). Sprechen aber wirtschaftliche oder allgemein-betriebliche Gründe für eine backende Kohle, dann sind *Rührvorrichtungen* angebracht, die verhindern, daß ein zäher Kuchen (daher der Ausdruck „backen") entsteht, die vielmehr eine etwa gleichmäßige Stückelung des nach Erwärmung über dem Back-Temperaturbereich sich bildenden festen Kokses bewirken.

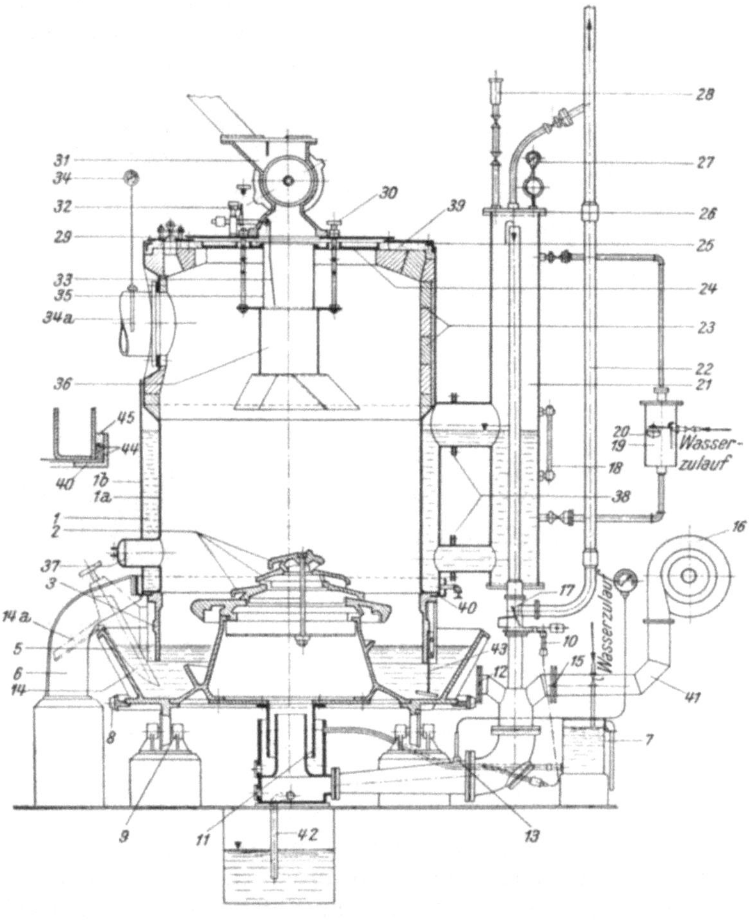

Abb. 16. Drehrost-Gaserzeuger (Deutz) für nicht backende Brennstoffe. *1* Wasserkammer; *1a* Feuerblechmantel; *1b* Außenmantel für Wasserkammer; *2* Rost; *3* Manteltauchring; *5* Aschenschüssel; *6* Säule; *7* Wasserzulauftopf; *8* Antriebschnecke und Zahnkranz; *9* Rollenbock; *10* Thermostat; *11* Tauchtopf; *12* Luftblende; *13* Fernthermometer; *14* Aschenschaufel; *14a* Aschenablaufblech; *15* Drosselklappe; *16* Bläser; *17* Dampfreglerklappe; *18* Wasserstandanzeiger; *19* Schwimmerkasten; *20* Schwimmer; *21* Ausgleichgefäß; *22* Abdampfleitung; *23* Ausmauerung; *24* Schutzdeckel; *25* Asbestdichtung; *26* Gummiring 2 mm; *27* Manometer; *28* Füllvorrichtung für Kesselsteinlösungsmittel; *29* Stochlochverschluß; *30* Verstelleisen für den Kohlenaufnehmer; *31* Zellenradschleuse; *32* Endausschalter; *33* Schaltblech; *34* Gastemperatur-Anzeigegerät; *34a* Thermoelement; *35* Einhängetrichter; *36* Verstellbarer Kohlenaufnehmer; *37* Aschtür; *38* Gummi mit Drahteinlage; *39* Schlackenwolle; *40* Tragring; *41* Anblaseleitung; *42* Kondensleitung; *43* Aschenräumer; *44* Dichtung; *45* Aluminiumwolle

Abb. 16 zeigt die Ausführung eines Gaserzeugers für *nicht* backende Brennstoffe: die Schütthöhe im Schacht begrenzt hier ein einstellbarer Aufnehmer — für backende Brennstoffe dürfte man keine Aufnehmer einbauen, weil ein Hängebleiben durch Festkleben zu befürchten wäre. Ein Gaserzeuger für backende Steinkohle mit wassergekühltem Rührwerk ist in Abb. 17 dargestellt. Der Rührer schwimmt auf der von ihm eingeebneten Brennstoffschüttung und hält damit auch durch entsprechende Einstellung die günstigste Schütthöhe. Der Gaserzeuger nach Abb. 18 besitzt einen *drehenden Deckel*, der sowohl die Einrichtung zur Vermeidung übermäßiger Schlackenbildung (mechanische Stocher) als auch zur Vermeidung von Betriebsstörungen durch den Backvorgang trägt.

Während früher die Drehrost-Gaserzeuger voll ausgemauerten *Schacht* und Deckel besaßen, ist man heute fast überall dazu übergegangen, den Schachtmantel wenigstens im Bereich der hohen Brennstofftemperaturen mit Wasser zu *kühlen* und auf diese Weise das Ankleben von Schlacken zu verhüten (z. B. Abb. 16).

Ein wenig kann bei Gaserzeugern mit einem Schachtdurchmesser unter 1,8 m der Wirkungsgrad der Vergasung (S. 48) durch die Kühlung des Schachtes absinken z. B. von 82% auf 80%, bei größeren Gaserzeugern ist dies wegen des günstigen Verhältnisses von Glutmasse zur Kühlfläche nicht mehr der Fall. Abgesehen davon überwiegen die Betriebsvorteile gegenüber einem etwa möglichen kleinen Wirkungsgradverlust. Den Deckel des Gaserzeugers isoliert man durch ein selbsttragendes Gewölbe aus feuerfesten Steinen, oder — einfacher — durch eine gußeiserne Schutzplatte und Isolierfüllung (z. B. Schlackenwolle) in der Zwischenschicht — seltener wird auch der Deckel wassergekühlt.

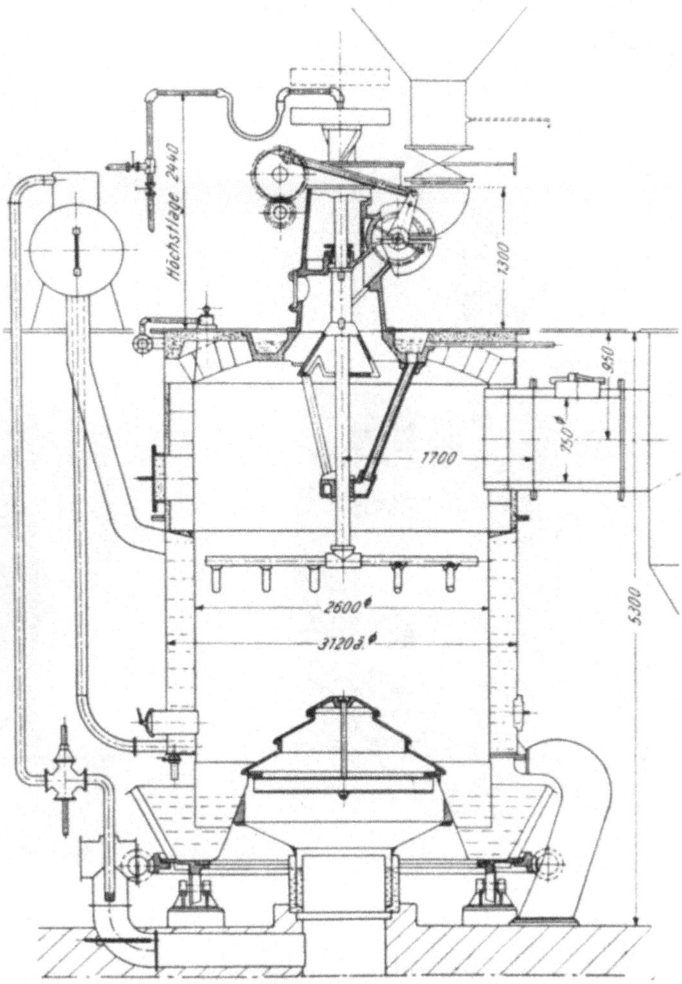

Abb. 17. Drehrost-Gaserzeuger für backende Steinkohle mit wassergekühltem Rührwerk

Für geologisch jüngere Brennstoffe mit hohem Gehalt an Kohlenwasserstoffen, bei denen man Wert auf Gewinnung eines leicht flüssigen Teers und auf verhältnismäßig hohen Gasheizwert (Hu $\sim$ 1500 kcal/Nm^3) legt, kann man das Oberteil des Gaserzeugers als *Schwelschacht* ausbilden. Da der (Spül-)Schwelprozeß im Bereich nicht hoher Temperaturen abläuft — etwa mit 500° beginnend bis unter 100°, in Trocknung übergehend — ist die Ausmauerung des Schwelschachtes geboten. Wassermantel wäre, da zu stark kühlend, hier schädlich.

Es wird also in den Schwelgaserzeugern die Schwelung als Anteil am Gesamtvorgang der aufsteigenden Vergasung besonders betont. Man kann nun im Bestreben der Wertstoffgewinnung die Vergasung in zwei Zonen durchführen: Im Unterteil wird das aus dem absinkenden ausgegarten Brennstoff, also aus dem Koks gewonnene Gas „Klargas" abgezogen und im Oberteil das Schwelgas (Abb. 19). Die Entteerung ist besonders sorgfältig durchzuführen (vgl. S. 37). Brennstoffe, die man auf diese Weise gut verwerten kann, sind z. B. Mitteldeutsche Braunkohlenbriketts, Lignite oder auch Torf, nicht aber backende Steinkohlen.

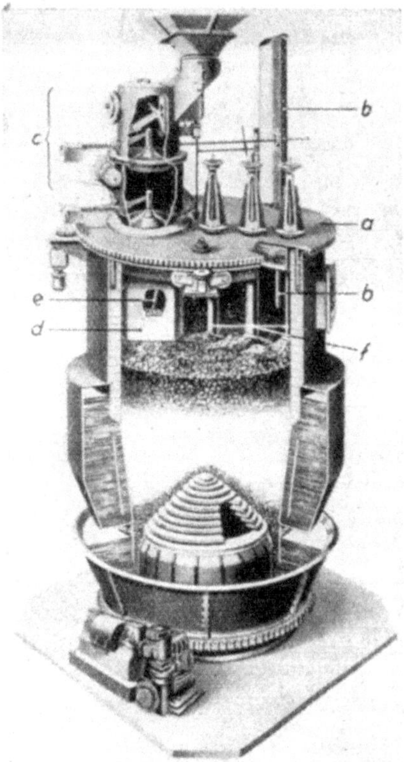

Abb. 18. Schnittbild eines Drehrost-Gaserzeugers (DEMAG) für backende Steinkohle mit Drehdeckel. *a* Wassergekühlte Deckplatte; *b* Stochmaschine; *c* Beschickungsvorrichtung mit Füllschacht *d*; *e* Taster; *f* Preßstempel

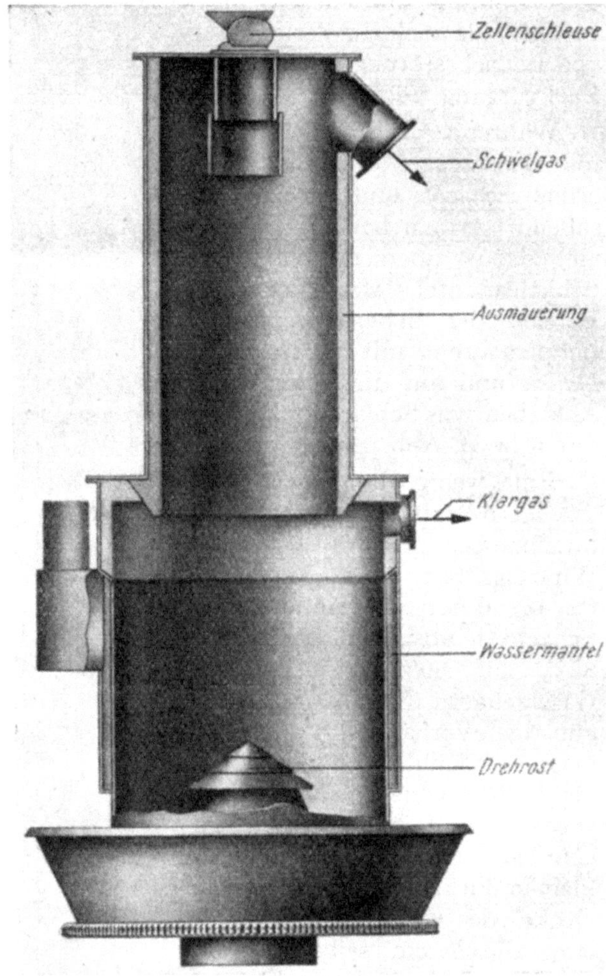

Abb. 19. Schwelschacht-Gaserzeuger (Deutz)

Es ist vorteilhaft, die in den *Wassermantel* aus dem glühenden Brennstoffbett abgeleitete Wärme zur Erzeugung des Vergasungsdampfes auszunutzen. Dies kann *unmittelbar* durch Unter-Rost-Führen des Vergasungsdampfes geschehen, was allerdings den Zusatz eines den Kesselsteinansatz verhindernden Mittels zum Speisewasser bzw. Beseitigung des Kesselsteinansatzes in gewissen Zeitabständen erfordert. Den *Anteil* Wasserdampf zur Vergasungsluft kann man in einfachster Weise durch Einstellung der Temperatur des Dampf-Luft-Gemisches (Sättigungstemperatur) festlegen und durch eine thermostatische Regelung gleichmäßig halten (S. 45). Auch die *Wasserspeisung* geschieht am besten selbsttätig, wofür es aus dem Dampfkesselbau bewährte Apparaturen gibt. Um das Mitreißen unverdampfter Wassertropfen zu vermeiden, erhält der Wasserspiegel an einer Stelle eine Oberflächenerweiterung. Wird der Vergasungsdampf *mittelbar* durch Wärmetauscher erzeugt (Heizdampf 0,5 atü), dann bleibt für den Kühlmantel des Gaserzeugers immer dasselbe Wasser im Umlauf, und man braucht sich um Kesselstein nicht zu sorgen. Die Sicherheitseinrichtungen für Niederdruckdampf müssen stets angebaut sein.

Im *Unterteil* des Schachtes sind Aschtüren eingeschweißt, die den Wassermantel durchdringen und vor allem zum Anzünden bei Inbetriebsetzung des Gaserzeugers dienen. Für größere Einheiten kann man diese Öffnungen so geräumig machen, daß sie zum Befahren des entleerten Gaserzeugers bei der Revision dienen können.

Abb. 20. Schuppen-Drehrost (Deutz) mit Aschenschüssel

In der Mitte des Aschenbettes werden Vergasungsluft und -Dampf zugeführt — meist durch einen kegeligen sich langsam drehenden *Rost*, der verschiedene Gestalt erhalten kann. Langjährig bewährt hat sich z. B. die Ausführung des Pyramiden-Schuppendrehrostes (Abb. 20), bei dem die Anzahl der übereinander angeordneten Schuppenkränze sich dem Durchmesser des Gaserzeugers anpaßt, für kleinere also z. B. 3 und für große 6. Die Asche wird meist in einer mit Wasser gefüllten Wanne abgelöscht und daher staubgebunden gesammelt. Diese Aschenschüssel ist aus Guß und trägt den „Rostturm" — die Auflage des Drehrostes. Sie dreht sich mit dem Rost, die Asche steigt an einer feststehenden schrägen Schaufel hoch und fällt in ein darunter gestelltes Sammelgefäß. Aschenschüssel mit Drehrostturm werden auf Rollen oder Kugeln gelagert. Die Umdrehungsgeschwindigkeit ist einstellbar und liegt je nach Brennstoff und Leistung zwischen 1/8 und etwa 2 Umdrehungen in der Stunde. Der Tauchring kann, besonders aus Grauguß oder Stahl gefertigt, angeschraubt werden, aber auch unmittelbar mit der Wasserkammer verschweißt sein, was den Abfluß der Wärme begünstigt.

Braunkohlenbriketts haben, wenn die Temperatur in der Oxydationszone nicht über den Sinterpunkt steigt, eine sehr dicht liegende, sandige (pulvrige) Asche. Man kann dann vom äußersten Kegel des Drehrostes *den* Teil des Brennstoffes, der sich an den Randpartien befindet, nicht mehr genügend erfassen, und die Asche enthält Unverbranntes. Um dies zu vermeiden, ist es vorteilhaft, unmittelbar über dem Tauchring einige in das Schachtinnere führende untereinander außen verbundene Luftdüsen anzuordnen. Dadurch erhält man vorzüglichen Ausbrand.

Drei oder vier kräftige, geschweißte Füße tragen, die Aschenschüssel umgreifend, den Gaserzeugermantel.

Abb. 16 zeigt die Einzelteile eines oft gebauten Drehrost-Gaserzeugers für motorischen Betrieb zur aufsteigenden Vergasung von Magerkohle, Braunkohlenbriketts, Lignit, Braunkohle, Torf, Brechkoks, Schwelkoks oder Holzkohle.

Doppelfeuer-Drehrost-Gaserzeuger für Brennstoffe mit einem Aschegehalt von über 4% z. B. Braunkohlenbriketts und Torf erhalten dieselbe Ausführung von Rost und Aschenschüssel. Der Schacht dagegen bekommt eine andere Form, denn das *Oberteil* und die mittlere Partie mit der Gasabsaugung müssen auch der absteigenden Vergasung und einer reichlich bemessenen Gasabsaugung angepaßt werden (Abb. 21). Die *Beschickung* kann auch hier durch einen Brennstoffhöhen-Fühler selbsttätig erfolgen. Derjenige Teil der Vergasungsluft, der für das Oberfeuer, also erstlinig zur Verbrennung der Kohlenwasserstoffe (S. 17) bestimmt ist, wird meist in den oberen freien Raum des Gaserzeuger-Schachtes geführt (Abb. 11), so daß der aufgegebene frische Brennstoff sich recht bald entzündet. Bei Betrachten des Oberfeuers durch die Stochöffnungen erkennt man dies an der durchschimmernden Glut. Um die Entzündung sicher zu stellen, kann es recht vorteilhaft sein, die „Oberluft“ *vorzuwärmen* (S. 17). Ob diese Dampfzusatz erhält, ist abhängig von der natürlichen Feuchte des Brennstoffes: Bei 12 und mehr % Brennstoff-Feuchte ist die Dampfbeimengung zur oberen Vergasungsluft nicht nötig, bei trockenerem Brennstoff jedoch zu empfehlen.

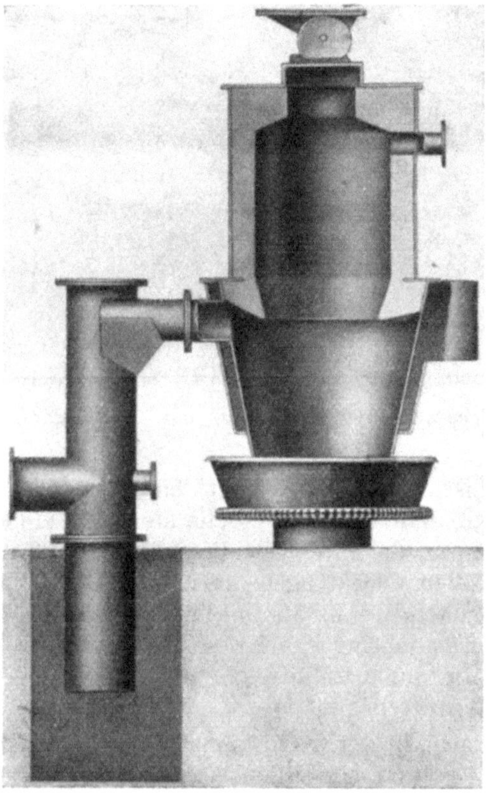

Abb. 21. Proportionen eines Doppelfeuer-Drehrost-Gaserzeugers (Deutz)

Auch der *Anteil der Oberluft* an der gesamten Vergasungsluft ist vom Brennstoff abhängig: Je höher der Teergehalt, um so höher auch der Anteil der Oberluft. Der absteigende Vergasungsvorgang ist dann betonter als die aufsteigende Koksvergasung im Unterteil. Es ist notwendig, hier für die gerade vorliegende Betriebsart und den verarbeiteten Brennstoff Erfahrungen zu sammeln. Liegen diese vor, dann kann die Zumessung der Oberluft selbsttätig mit Hilfe eines Zweiweg-Ventils und hinsichtlich der Dampfzugabe thermostatisch durch Einstellung der Sättigungstemperatur erfolgen.

Beim Doppelfeuerverfahren muß das Gas *zwischen* dem Ober- und Unterfeuer abgezogen werden. Hier muß also ein Ring, der dem glühenden Koks ein Abböschen und dem Gas einen Beruhigungsraum bietet, vorgesehen werden (Abb. 21). Hochfeuerfester Guß und/oder feuerseitige Ausmauerung sind hierfür notwendig. Die Ausmauerung ist im *Oberteil* deshalb unschädlich, weil auch hier (vgl. Schwelschacht!) in keinem Fall der Schlackenschmelzpunkt überschritten wird, daher ein Ankleben von gesinterter Asche an die Ausmauerung nicht zu befürchten ist. Abb. 22 zeigt eine für *Schiffsanlagen* bewährte Ausführung einer Doppelfeuer-Gaserzeugung für Rheinische Braunkohle.

Anstelle der beschriebenen *Naß*austragung der Asche in eine Wasservorlage und damit Wasserverschluß zwischen Generator-Innerem und Außenluft ist auch eine *trockene Austragung* möglich. Diese hat für Schiffe den Vorteil, von Schräglagen des Fahrzeuges unabhängig zu sein. Sie verhindert auch, daß feucht-aggressive Schwefelverbindungen entstehen und zumal während längeren Stillstands der Anlage zu Korrosionen im unteren Schachtteil führen.

Einen *Schiffs-Drehrost-Gaserzeuger* für Rheinische Braunkohlen-Briketts mit trockener Ascheaustragung zeigt Abb. 23. Vergasungsluft und -Dampf werden hier unter einen ebenen („Plan-“)Drehrost geführt. Wie beim naß austragenden Drehrost kann der Antrieb und die Einstellung der Drehgeschwindigkeit (etwa in der Stunde 1/6 bis 1/2 Umdrehungen) mechanisch, durch Elektro- oder Drucköl-Motor erfolgen. Der Rost trägt in drei konzentrisch liegenden Kreisen Öffnungen zum Durchtritt des Luft-Dampf-Gemisches, wobei über jede Öffnung ein der Drehrichtung abgewandter Hut gestülpt ist, der Durchfallen von Ascheteilen verhindert. Zentrisch angeordnet ist ein feststehender Räumer mit zwei leicht spiralig gekrümmten Armen. Diese drücken allmählich die auf dem drehenden Rost liegende Asche nach außen, wo sie durch eine feststehende Schaufel abgestreift wird und nun zum Ablöschen in einen außerhalb angeordneten Wassertrog fällt.

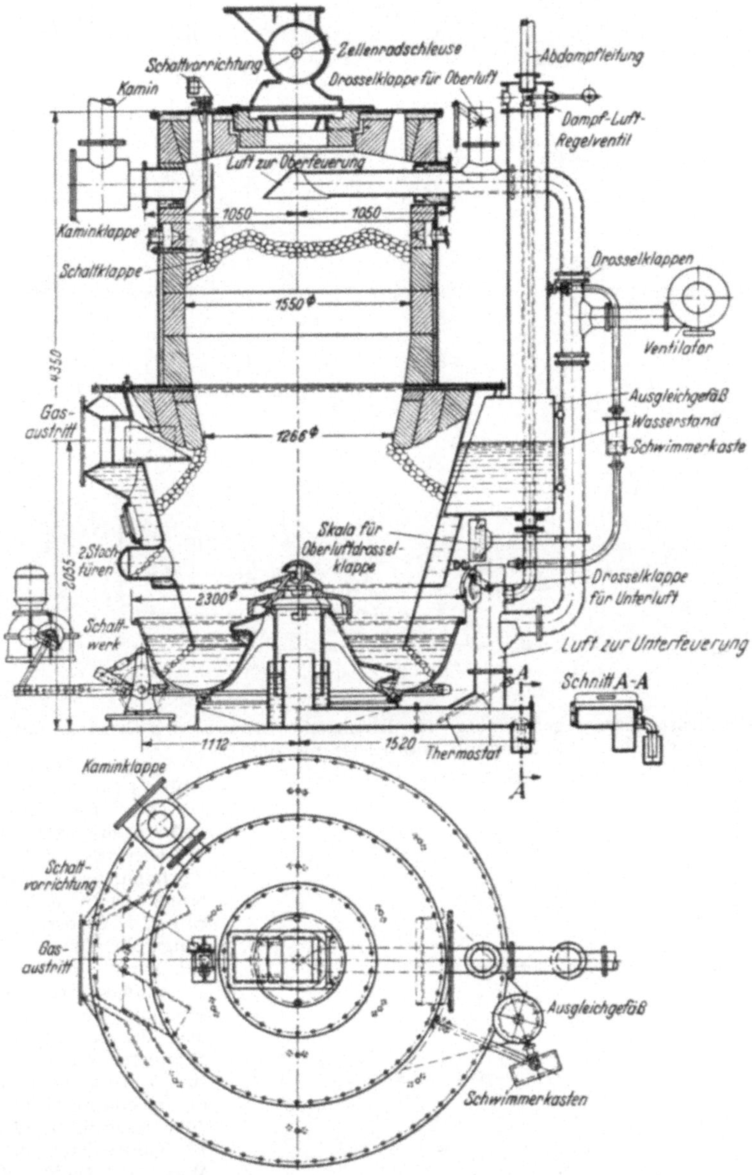

Abb. 22. Schnitt durch den Deutz-Doppelfeuer-Schiffsgaserzeuger für Braunkohlenbriketts, Leistung bis 800 PSe für Otto-Gasmotoren

Das Rohgas wird zentral abgezogen, was ein gleichmäßiges Durchglühen des Brennstoffs begünstigt.

Ebenfalls trocken wird in Verbindung mit Drehrost die Asche bei *Gaserzeugern für Späne und kleine Hülsen* (Sägespäne, Hobelspäne, Reishülsen, Kaffeeschalen u. ä.) ausgetragen. Abb. 24 zeigt eine bewährte Konstruktion in drei Teilströmen erfolgender Luftzuführung und aufsteigender Vergasung. Zentral fließt Luft durch die „Luftbrause" und peripher durch den Luftring. Das Verhältnis der drei Luftströme wird,

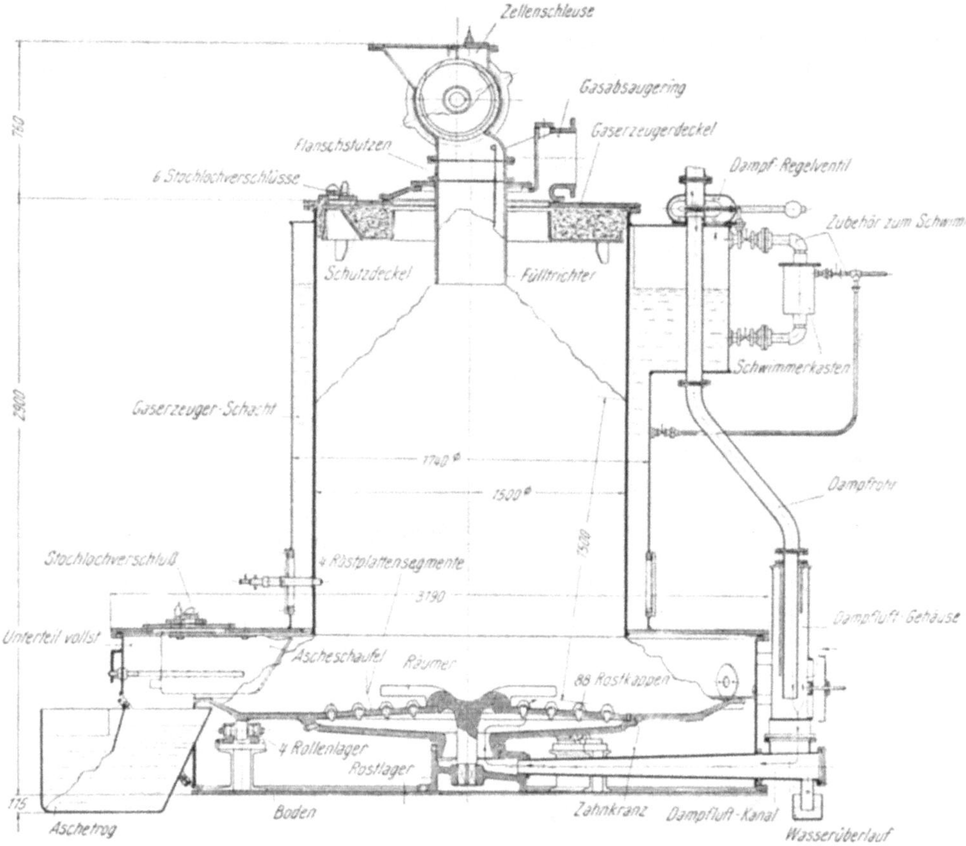

Abb. 23. Schiffs-Drehrost-Gaserzeuger (Deutz) für Rheinische Braunkohlen-Briketts mit trockener Ascheaustragung, Motorleistung 1000 PS

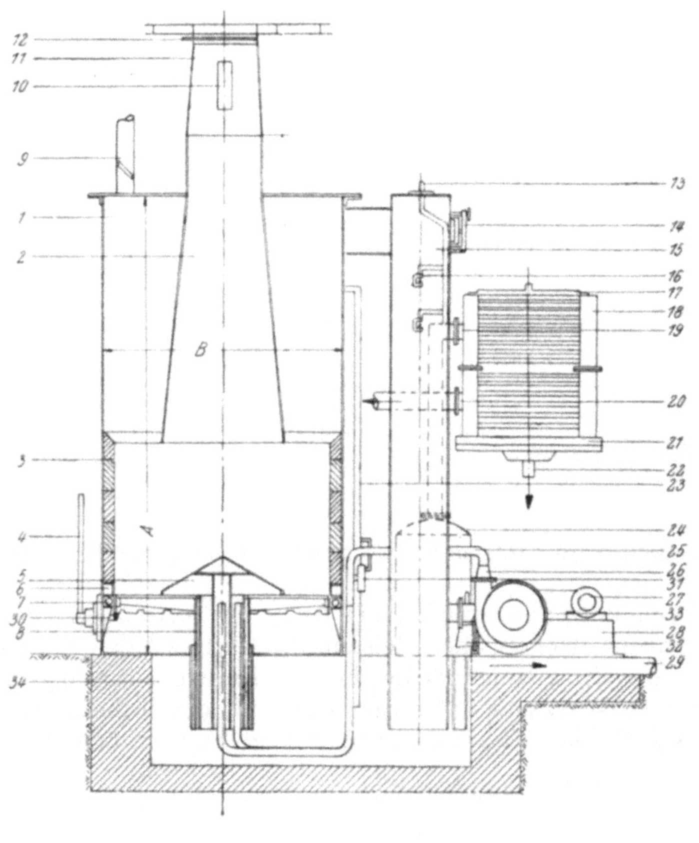

Abb. 24 (links). Drehrost-Gaserzeuger (WEDA[1]) für Sägespäne. Aufsteigende Vergasung. Geteilte Luftzuführung. *1* Generator; *2* Konisches Füllrohr; *3* Schamotteausmauerung; *4* Drehrosthandantrieb; *5* Luftbrause; *6* Luftring; *7* Drehrostkugellagerung; *8* Führungsrohr für Luftbrause; *9* Entlüftungsrohr; *10* Klarsichtscheibe des Beschickungsrohres; *11* Selbsttätiges Beschickungsrohr; *12* Absperrschieber des Beschickungsrohres gegen den Brennstoffbunker; *13* Wasserzuführung zu den Vorreinigerdüsen; *14* Reinigungsklappe; *15* Vorreinigerrohr; *16* Wasserdüsen; *17* Berieselungsrohr; *18* Kühlregister; *19* Gaseintritt vom Wasserabscheider; *20* Gasaustritt vom Kühlregister; *21* Wasserauffangwanne; *22* Kühlwasserablauf; *23* Gasprüf- und Gasdruckreglerrohr; *24* Wasserabscheider; *25* Verbrennungsluftzuleitung; *26* Verbrennungsluftventilator; *27* Antriebsmotor für Gaswäscher-Ventilator-Aggregat; *28* Sockelfundament; *29* Abwasserablaufrohr; *30* Flanschlagerung des Drehrostantriebes; *31* Gasdruckregler; *32* Verbindungsrohr Gaswäscher-Wasserabscheider; *33* Gaswäscher; *34* Wasserbecken. Maße *A* und *B* s. S. 49

[1] WEDA, Generatorenbau Dammann & Westerkamp, Norddöllen-Vechta (Oldb.).

der Eigenart des Brennstoffes entsprechend, einmalig mit Drosselklappen eingestellt. Einen ebenfalls für Reishülsen und Kaffeeschalen gut bewährten Drehrost-Gaserzeuger zeigt Abb. 25. Dieser Gaserzeuger arbeitet mit absteigender Vergasung — Gasheizwert etwas niedriger, ungiftiges Reinigungswasser (S. 17)!

Stückige Brennstoffe mit sehr niedrigem Aschegehalt, z. B. *Holz* und *Holzkohle* verlangen zur Ascheentfernung eine so geringe Leistung, daß man hierfür auf selbsttätige mechanische Einrichtungen bis zu einer gewissen Größe des Gaserzeugers verzichten und einen feststehenden Rost (*Festrost*) verwenden kann. Ein solcher Gaserzeuger für Holzkohle ist in Abb. 26 dargestellt.

Sollen *Holz, Torf* oder sonstige stückige nicht backende Brennstoffe höheren Feuchtigkeitsgehalts — etwa 20 bis 25% — im *Doppelfeuerverfahren* vergast werden, dann ist es zweckmäßig, die Oberluft durch Düsen aus hochfeuerfestem Stahl, gegebenenfalls auch noch durch eine gegen Abbrand keramisch armierte Mitteldüse, einzuführen. Man kann die Düsen auch in zwei übereinander liegenden Reihen anordnen. Diese Luftzuführung ermöglicht eine gewisse Vortrocknung des Brennstoffes, und man kann einen Teil der Brennstoff-Feuchte als Dunstschwaden abziehen. Bei diesen Brennstoffen ist auch im Unterfeuer nicht mit Ansinterung von Schlacke zu rechnen, so daß der ganze Gaserzeuger ausgemauert wird. Gaserzeuger dieser Bauart haben sich bis etwa 1,5 m Schachtdurchmesser bewährt (Abb. 27).

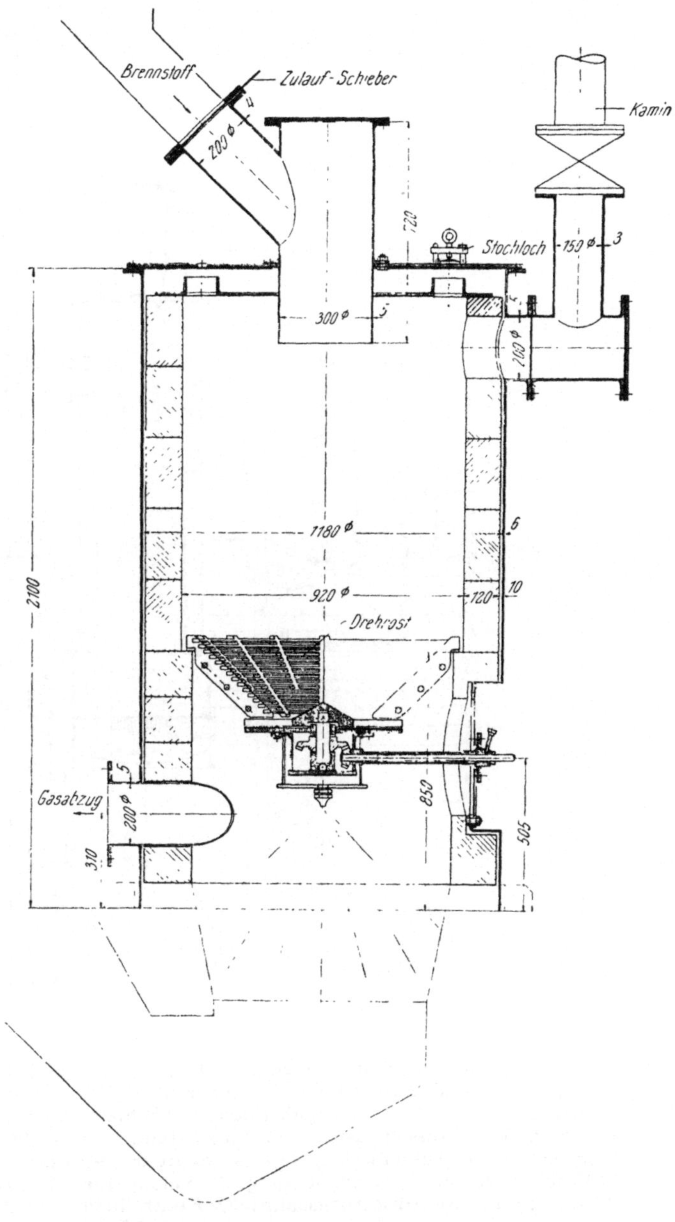

Abb. 25. Drehrost-Gaserzeuger (Deutz) für Reishülsen. Absteigende Vergasung. Motorleistung 100 PS

Wegen des hohen Gehaltes dieser Brennstoffe an Kohlenwasserstoffen überwiegt im Gesamtvorgang die absteigende Vergasung. Der hierfür nötige Dampfzusatz zur Vergasungsluft wird meist vollständig aus der Brennstoff-Feuchte bestritten. Bei trockenem Brennstoff ist es jedoch geboten, in die Mitteldüse ein wenig Wasser ständig einträufeln zu lassen. Das Unterfeuer dient, wie gesagt, nur dazu, einen größeren Verlust an Unverbranntem zu vermeiden, und man begnügt sich hier mit nur geringem Dampfzusatz, nämlich dem, der in den unter dem Gaserzeuger angeordneten Wassersumpf durch Ablöschen der hineinfallenden glühenden Asche entsteht.

Kleinere Gaserzeuger für Holz arbeiten mit der reinen absteigenden Vergasung (Abb. 11). Man nimmt, wie schon erwähnt, einen gewissen Verlust durch nicht reduzierten Koks („Holzkohle") in Kauf. Dasselbe gilt für die absteigende Vergasung von *Reishülsen,*

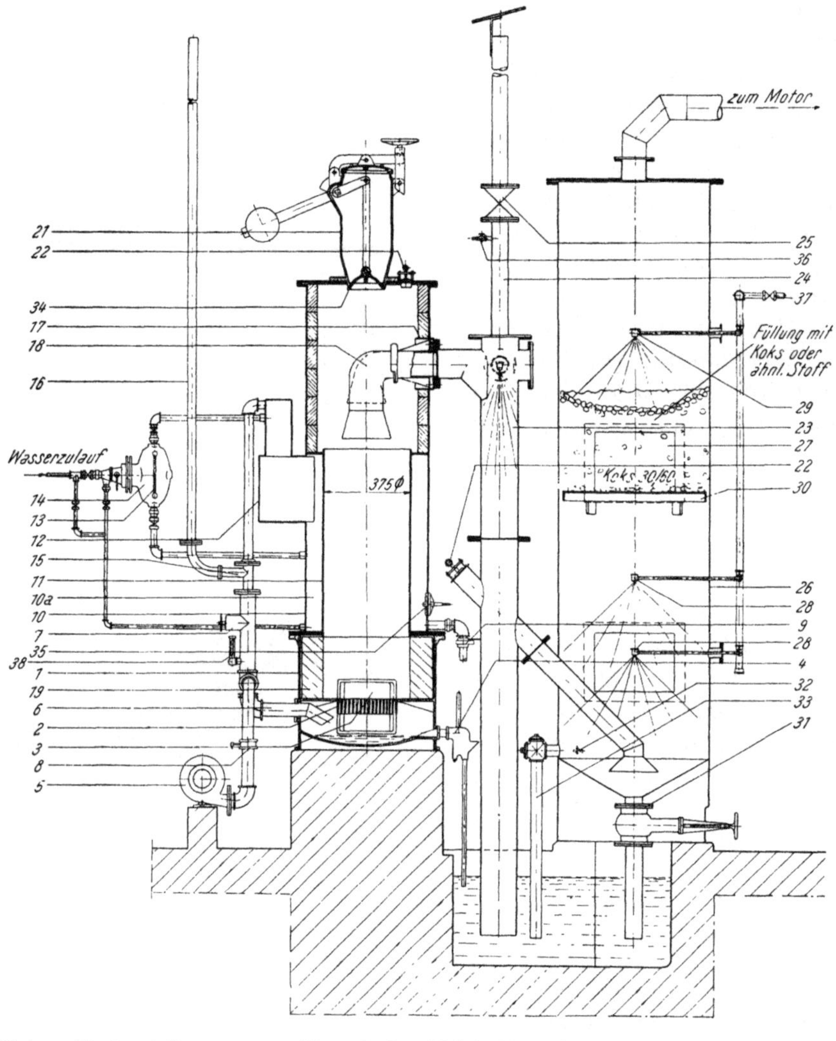

Abb. 26. Kleiner Festrost-Gaserzeuger (Deutz) für Holzkohle oder aschearmen Anthrazit (Motorleistung 55 PS). *1* Unterteil; *2* Roststäbe; *3* Feuertüren; *4* Wasser-Überlauf; *5* Anblaseventilator; *6* Dampfluftleitung; *7* Luftansaugestutzen; *8* Luftregulierklappe; *9* Schlammablaß; *10* Mantelblech; *10a* Wasserkammer; *11* Feuerblechmantel; *12* Ausgleichgefäß; *13* Wasserstandanzeiger; *14* Wasserregler; *15* Dreiwegdrosselklappe; *16* Abdampfleitung; *17* Ausmauerung; *18* Gasabzugrohr; *19* Ausmauerung; *21* Fülltrichter; *22* Stochlochverschlüsse; *23* Verbindungsrohr; *24* Kaminleitung; *25* Kaminhahn; *26* Vorkühler; *27* Nachkühler; *28* Brause; *29* Brause; *30* Auflagerost; *31* Entleerungshahn; *32* Kontrollhahn; *33* Ablaufleitung; *34* Kegel; *35* Reinigungsdeckel; *36* Gasprobierhahn; *37* Wasserschieber; *38* Thermometer

Kaffeeschalen oder ähnlichem (die in der Schwelanalyse ohnehin einen sehr geringen Kohlenstoffgehalt zeigen), weil sonst mit dem Unterfeuer die sehr leichten, im wesentlichen aus Kiesel bestehenden, ausgegarten kleinen Schalen im Gasstrom mitgerissen würden. Es muß ohnehin dafür gesorgt werden, daß eine recht große Abzugsfläche für das Gas zur Verfügung steht, weil die Hülsen dicht liegen und eine höhere Strömgeschwindigkeit vermieden werden muß.

Man kann bei absteigender Vergasung diese leichten Brennstoffe offen während des Betriebes in den Gaserzeuger aus einem darüber angeordneten Bunker rieseln lassen, da ja im Oberteil des Generators sich Luft und nicht Gas befindet (Abb. 25). Will man auch bei aufsteigender Vergasung auf eine Einschleusung des Brennstoffes verzichten, und ihn offen einrieseln lassen (z. B. Sägespäne), so ist Bedingung, daß in dem Raum zwischen Brennstoffaufnehmer und abböschender Schüttung im Gaserzeuger weder Über- noch Unterdruck besteht, so daß eine Gasströmung zum Bunker nicht möglich ist.

Während man früher allgemein die mit Motoren arbeitenden Gaserzeuger im Unterdruck betrieb, so daß allein der Motor die Strömung von Luft und Dampf in den Gaserzeuger bewirkte („Sauggasmotor"), hat man heute auch ganz allgemein den eben geschilderten Betriebszustand als günstiger befunden, daß also *am Gasaustritt etwa Druckausgleich* gegenüber der Atmosphäre besteht. Man bläst bei aufsteigender Vergasung den Gaserzeuger durch einen Ventilator unter Rost mit einem solchen Winddruck, daß der Widerstand im Brennstoffbett — zwischen 10 und etwa 150 mm WS, je nach Brennstoff und Belastung — *gerade* ausgeglichen wird. Die Einhaltung dieser Bedingung ist mit Hilfe eines *Wasserglocken-Reglers* — große Verstellkraft! — unschwer möglich.

Um bei größeren Gaserzeugern und aufsteigender Vergasung in jedem Falle, auch bei etwaigen geringen Druckschwankungen oder, wenn z. B. wegen gleichzeitiger Ofen-Rohgasbeheizung ständig Druckbetrieb — etwa 50 mm WS — gewünscht wird, zu vermeiden, daß beim Öffnen der Stochlöcher Gas nach außen dringt, erhalten die Stochlochverschlüsse wie erwähnt einen Wind-, selten Dampf-Schutzschleier (Abb. 15 und 28).

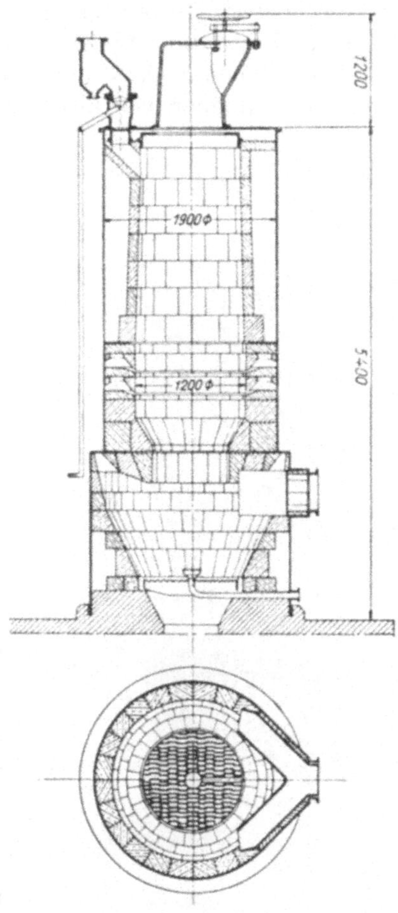

Abb. 27. Doppelfeuer-Gaserzeuger (Deutz) für Holz und Holzabfälle (Motorleistung 300 PS

Abb. 28. Blick auf die Bühne einer Generatoren-Batterie (Deutz). Brennstoffzulauf aus Hochbunker, Zellenschleuse elektrisch angetrieben, Windringleitung zu den Stochlochverschlüssen

Alle geschilderten Bauweisen sind für ortsfesten und, wo es erwähnt wurde, für Schiffsbetrieb bestimmt. Sie sind so ausgeführt, daß sie jahrelang ohne nennenswerte Instandhaltungsarbeiten dauernden oder unterbrochenen Betrieb ableisten können. Demgemäß sind die Anlagen verhältnismäßig schwer. Als Blechstärken für den Mantel wählt man im allgemeinen 15, für Schiffsanlagen bis hinab zu 10 mm. Die Gußteile und der Tauchring erhalten Wandstärken von etwa 20 mm.

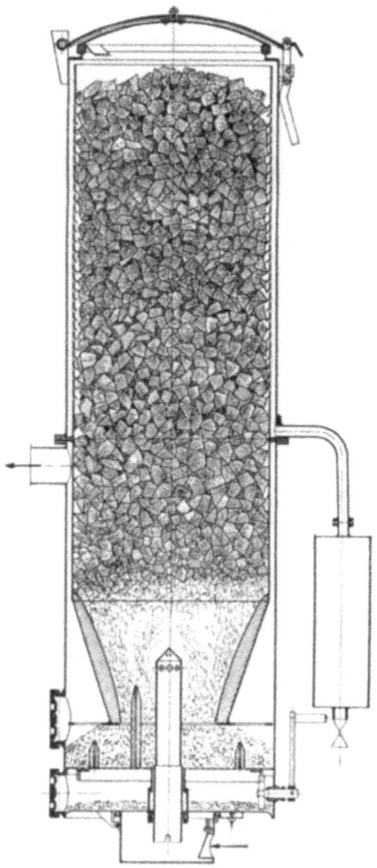

Abb. 29. Fahrzeug-Gaserzeuger (Deutz) für Holz

Möglich sind allerdings auch leichte Ausführungen der Gaserzeuger sowie der später zu behandelnden Reinigungsapparaturen. Solche Leichtkonstruktionen wurden im Kriege für Kraftwagen und Boote in Ermangelung flüssigen Brennstoffes notwendig. Die Dünnwandigkeit bedeutete aber kurze Lebensdauer, ferner verlangten diese Leichtbauarten guten Brennstoff, also gut ausgeschwelte Holzkohle oder gut getrocknetes, klein gestückeltes Holz, gleichmäßig gekörnten Anthrazit mit sehr geringem Aschegehalt oder Braunkohlen, auch Schwelkoks-Briketts in Sonderanfertigung. Ein Schritt zur besseren Haltbarkeit dieser Fahrzeug-Gaserzeuger wurde durch Leichtstein-Ausmauerung (z. B. Silimanit) getan.

Einen Fahrzeug-Gaserzeuger für klein gestückeltes, gut lufttrockenes *Holz* zeigt Abb. 29. Die Vergasungsluft — den Dampfzusatz liefert die Brennstoff-Feuchte — tritt durch eine Düse aus hochfeuerfestem Stahl in das Brennstoffbett, und die Vergasung geschieht in dem Ringraum zwischen der Düse, dem keramisch ausgegossenen Herd und den unteren Gasabzug. Durch Schachtbeheizung mit Hilfe eines Mantels, durch den das warme Rohgas strömt, erzielt man eine Vortrocknung des Holzes (Wasser-Sammelgefäß auf Abb. 29 rechts). Das Beispiel einer reinen Quervergasung verwirklichte die Fahrzeug-Gasanlage von Daimler-Benz, erstlinig zur Vergasung von hochwertigem Anthrazit bestimmt. Hier wurde gewollt in der Glutzone (Oxydationszone) der Schlacken-Schmelzpunkt überschritten, so daß sich während des Betriebes allmählich ein gesinterter Schlackenkuchen auf dem Boden des Gaserzeugers bildete, der dann je nach Aschegehalt des Brennstoffes und Belastung des Gaserzeugers nach einigen Stunden entfernt werden mußte. Die hier verwirklichte reine Luftvergasung — also ohne Wasserdampf-Zusatz — förderte das rasche Erreichen der gewünschten hohen Glut. Umlauf-Wasser diente lediglich zur Kühlung der thermisch hoch beanspruchten Düse. Demgegenüber arbeitete der Deutz-Fahrzeug-Gaserzeuger für Anthrazit (Abb. 30) mit aufsteigender Vergasung und Wasserdampfzusatz. Im allgemeinen wurde hier der Sinterpunkt der Asche nicht überschritten — bei Anthrazit liegt diese Temperatur ja auch recht hoch (vgl. Zahlentafel 4). Der Vergasungsdampf bildete sich beim Herabrieseln von Wasser über Rillen, und zwar um den inneren Blechmantel des Schachtes herum.

Den Brennstoffvorrat für die gewünschte Fahrstrecke hatten diese Gaserzeuger entweder im einfach nach oben verlängerten Schacht oder in einem Bunker (Deutz), dessen Durchmesser ebenfalls dem des Gaserzeugers angepaßt war.

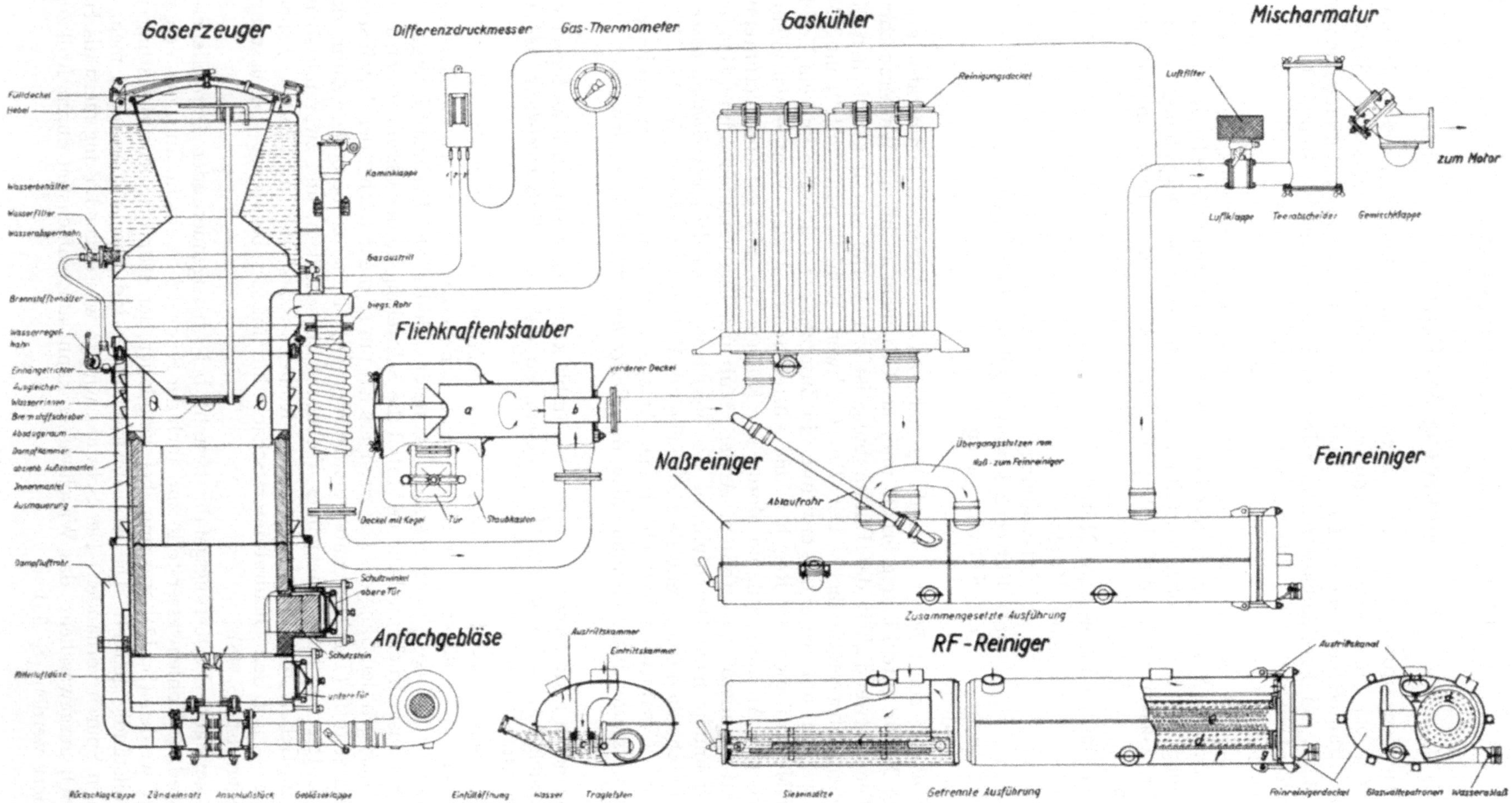

Abb. 30. Fahrzeug-Gasanlage (Deutz) für Anthrazit

Fortleitung des Gases

Das den Generator verlassende *Rohgas* hat je nach Brennstoff und Belastung des Gaserzeugers bei aufsteigender Vergasung von Anthrazit, Magerkohle, Schwelkoks, Holzkohle, Braunkohlenbriketts, Holz, Torf, Pflanzenabfälle im Mittel eine Temperatur 150° bis 320°, bei Brechkoks-Vergasung bis 400°, bei backender Steinkohle bis 500°, vorübergehend auch 600° C. Diese „fühlbare Gaswärme" (S. 48) wird meistens nicht mehr besonders ausgenutzt. Früher bei voll ausgemauerten Gaserzeugern diente sie zur Erzeugung des Vergasungsdampfes, was aber heute, wie erwähnt, meist unmittelbar oder mittelbar im Wassermantel geschieht. Nur dann, wenn (S. 24) es für die gute Entflammung des Brennstoffes vorteilhaft ist, kann man bei Doppelfeuer-Generatoren die fühlbare Gaswärme in einen Röhren-Wärmetauscher zur Vorwärmung der Oberluft ausnutzen.

Das Gas muß nun bis zum Motor

einer Kühlung,
einer Entstaubung,
einer Entteerung und gegebenenfalls Entölung,
wenn nötig auch einer Entschwefelung
unterzogen werden.

Die *Kühlung* soll möglichst herab bis nahe an die Außenluft-Temperatur erfolgen, damit der Motor gute Füllung erhält und das Gas nicht mehr zur Wasserabscheidung neigt. Die Notwendigkeit der Entstaubung ist zur Verhütung mechanischen Motor-Verschleißes selbstverständlich. Der *Teer* („schwere Kohlenwasserstoffe") muß ausgeschieden werden, um, wie schon erwähnt, ein Zusetzen der Leitungen und ein Verkleben wichtiger Mechanismen, wie Regulier- und Abstell-Schieber oder -Ventile, vor allem aber der Misch- und Ansaugventile im Motor, der Kolbenringe oder gar eine Verunreinigung des Umlauf-Schmieröls zu verhüten. Außer Staub und Teer befinden sich im Gas je nach Brennstoff und je nach Durchführung der Vergasung noch *leichtere Kohlenwasserstoffe*, die *dann* unschädlich sind, wenn sie als Ölnebel im Motor mit verbrannt werden. Es kann aber für die Gesamtwirtschaftlichkeit der Anlage vorteilhafter sein, auch die leichten Kohlenwasserstoffe auszuscheiden, also die *Entteerung* durch eine „*Entölung*" zu ergänzen.

Unangenehm kann ferner, vor allem im Hinblick auf den chemischen Motorverschleiß der Schwefelgehalt — meist als H_2S — sein, so daß eine *Entschwefelung* des Gases notwendig ist.

Die Kohlenwasserstoffe des Brennstoffes (Schwelanalyse!) bleiben, allgemein gesprochen, in um so stärkerem Maße während der Vergasung erhalten, werden also im Rohgas mit fortgetragen, je schonender, das heißt „kühler" der Brennstoff vergast wird, oder, anders ausgedrückt, je höheren Anteil die Schwelung an der Gesamtvergasung hat. Je heißer dagegen der Gang des Gaserzeugers ist, um so mehr wächst der Anteil *schwerer* Kohlenwasserstoffe (Teer) gegenüber den *leichten* (Öl). Daher ist besondere Aufmerksamkeit der Entteerung bei aufsteigender Vergasung zu schenken, und zwar um so mehr, je höheren Gehalt das Vergasungsgut an Kohlenwasserstoffen hat und je höher die spezifische — auf den Quadratmeter Schachtdurchmesser bezogene — Belastung des Gaserzeugers ist (S. 48).

Weit geringere Verteerungsgefahr besteht bei absteigender oder Doppelfeuer-Vergasung, weil die Kohlenwasserstoffe und auch der Schwefel bereits im Zuge der Vergasung verbrannt werden (S. 17), was nur bei langdauernder sehr niedriger Belastung nicht immer vollständig gelingt. Die Kohlenwasserstoffe sind also im Gas nicht mehr oder nur noch in Spuren vorhanden. Der Schwefel wird in wässeriger Lösung meist als H_2SO_3 oder H_2SO_4 ausgewaschen; das Waschwasser kann, am einfachsten durch Kalkzusatz, neutralisiert werden (S. 38).

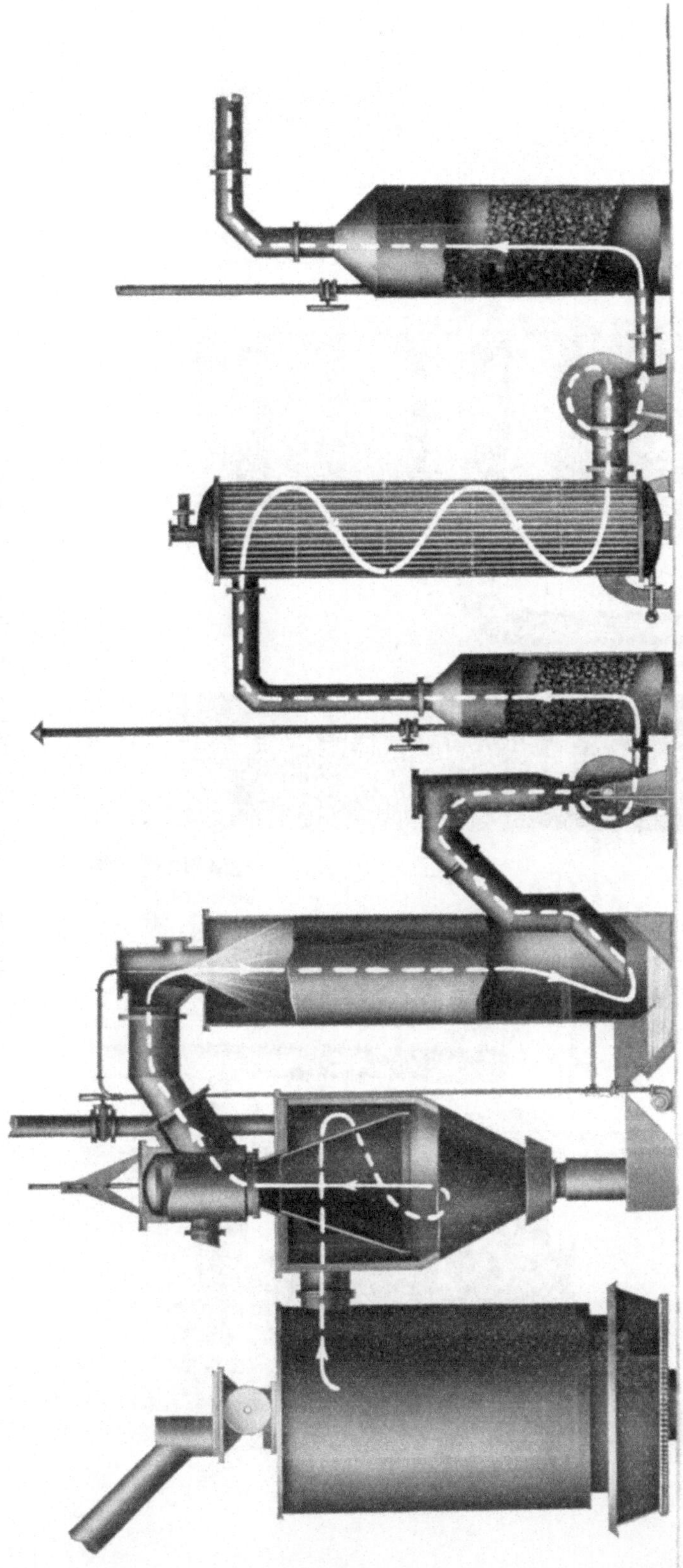

Abb. 31. Drehrost-Gasanlage für teerreiche Brennstoffe (mechanische Entteerung). Vor dem zweiten Schlagwäscher (Ölwäscher, S. 41) Röhren-Gaskühler (Wärmetauscher, S. 39, 41)

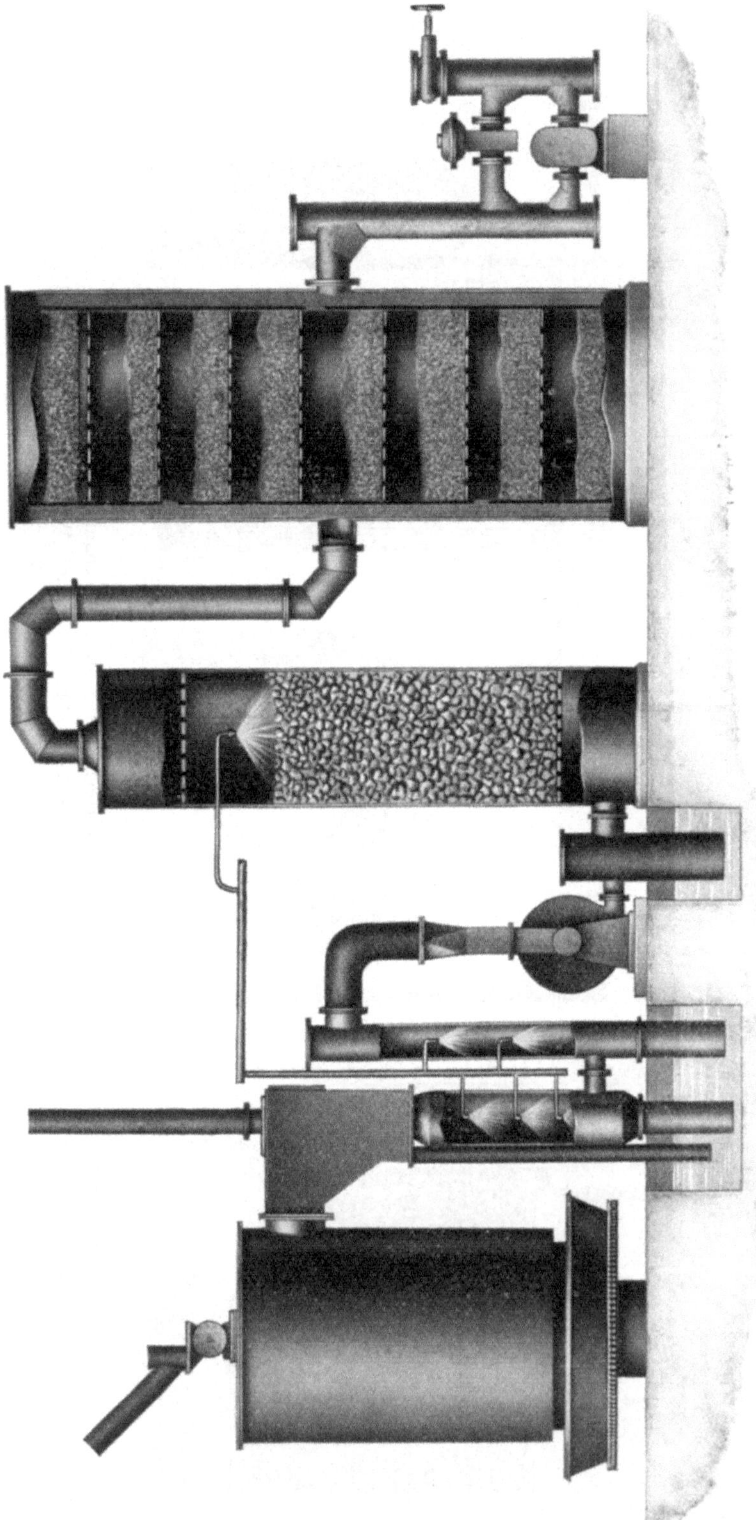

Abb. 32. Drehrost-Gasanlage für teerarme, schwefelreiche Brennstoffe

Stets fällt mit der Gaskühlung und -Reinigung *Wasser* an, und es ist daher die Frage der Wegführung oder Beseitigung dieses Wassers genau zu prüfen, denn in allen Fällen enthält es Stoffe, die unerwünscht, häufig (bei aufsteigender Vergasung, S. 13) sogar giftig sind. Eine Ableitung in öffentliche Kanalisationen, Bäche, Flüsse oder Seen ist meist nicht ohne weiteres zuzulassen. Die *Abwasserfrage* ist daher heute ein äußerst schwieriges und wichtiges Problem, zumal in stark industrialisierten Gegenden. Ist jedoch der *Anteil* des von einer Gasanlage abfließenden Wassers im Verhältnis zu der Wassermenge, *in die* das Abwasser geleitet wird, verschwindend klein und werden entteerte oder sehr teerarme Brennstoffe vergast, z. B. Schwelkoks, Anthrazit, so besteht wegen der Verdünnung keine Vergiftungs- und Schädigungsgefahr. Es erfolgt vielmehr eine biologische Selbstreinigung, das ist eine bakterielle Vernichtung der Giftstoffe. So z. B. kann von einer Vergiftung des Rheins oder auch der Kanäle durch die Abwasser der darauf verkehrenden Gasschlepper nicht gesprochen werden, die Verunreinigung der Flüsse ist überwiegend auf die Abwässer der anliegenden Orte und Industrien zurückzuführen.

Wenn auch, wie gesagt, Abwasser aus der Vergasung stets anfällt, so stehen doch verschiedene Möglichkeiten offen, um die Menge, die wirklich abgeführt oder vernichtet werden muß, sehr zu verringern.

Man unterscheidet demgemäß für Generatorkraftanlagen zwischen *Naßreinigung* und *Trockenreinigung* des Gases, gekoppelt mit unmittelbarer (direkter) und mittelbarer (indirekter) Kühlung, ferner zwischen *Durchfluß* und *Umlauf* des Waschwassers.

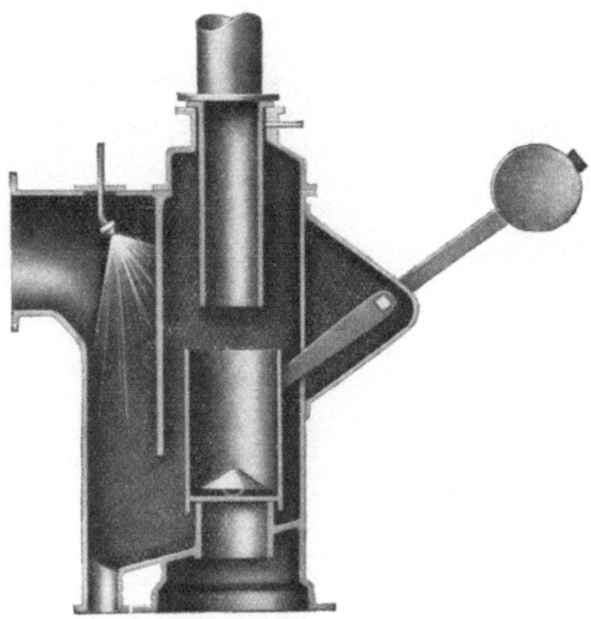

Abb. 33. Umschaltventil mit Grob-Entstauber

Die genannten vier Forderungen — Kühlung, Entstaubung, Entteerung und Entölung, Entschweflung des Gases — kann man, besonders, wenn Wert auf *Teer- und Ölgewinnung* gelegt wird, in der apparativen Verwirklichung weitgehend voneinander trennen. Dies lohnt sich besonders bei Vergasung kohlenwasserstoffreicher Brennstoffe im aufsteigenden Verfahren z. B. Braunkohlen-Briketts, Lignit, Torf. Die Apparaturen und Betriebsweisen sind jedoch *einfacher*, wenn man die vier Forderungen mehr oder weniger sich übergreifen läßt und miteinander verbindet. Bei Vergasung kohlenwasserstoff*armer*, also magerer Brennstoffe im *aufsteigenden* Verfahren oder kohlenwasserstoff*reicher* Brennstoffe im *absteigenden* oder *Doppelfeuer*-Verfahren ist dies geboten.

Unmittelbar hinter dem Gasabzugsstutzen, bzw. dem Wärmetauscher ist der (Grob-) *Staubabscheider* angeordnet. Den für industrielle Heiz-Gas-Anlagen sonst üblichen großen — im Durchmesser etwa dem Gaserzeuger gleichen — *Trocken-Staubabscheider* wendet man für motorischen Betrieb nur selten an, weil er sehr viel Raum und Gewicht beansprucht. Grundsätzlich steht seinem Einbau nichts im Wege (Abb. 31) — man findet ihn oft bei Anlagen, die sowohl der Kraft- als auch der Wärmeerzeugung dienen. Für Gasmotoren-Anlagen wählt man jedoch lieber einen *Naßstaubabscheider* (Abb. 32). Dieser kann konstruktiv mit einem auf *Wassertauchung* beruhenden *Abschluß* verbunden werden. Die Einrichtung kann in keinem Falle durch Teer oder andere Rückstände funktionell behindert werden, kann aber andererseits nicht mit einfachem Hebelschlag sekundenschnell geöffnet oder geschlossen werden, es muß vielmehr zunächst das Ventil im Abfluß unter dem gleich zu besprechenden Koksreiniger geschlossen werden, worauf die *Wasserstauung* den Abschluß bewirkt.

In Abb. **33** ist ein schaltbares *Umschalt-Tauchtopf-Ventil* im Betriebszustand der Anlage gezeichnet, während Abb. **26** eine Anlage mit Wassertauchung — auch als Sperrmittel — zeigt. Ortsfeste Anlagen erhalten daher gern wegen des Staubgehaltes des Gases den *reinen* Wasserverschluß, Schiffsanlagen das Tauchtopf-Schaltventil.

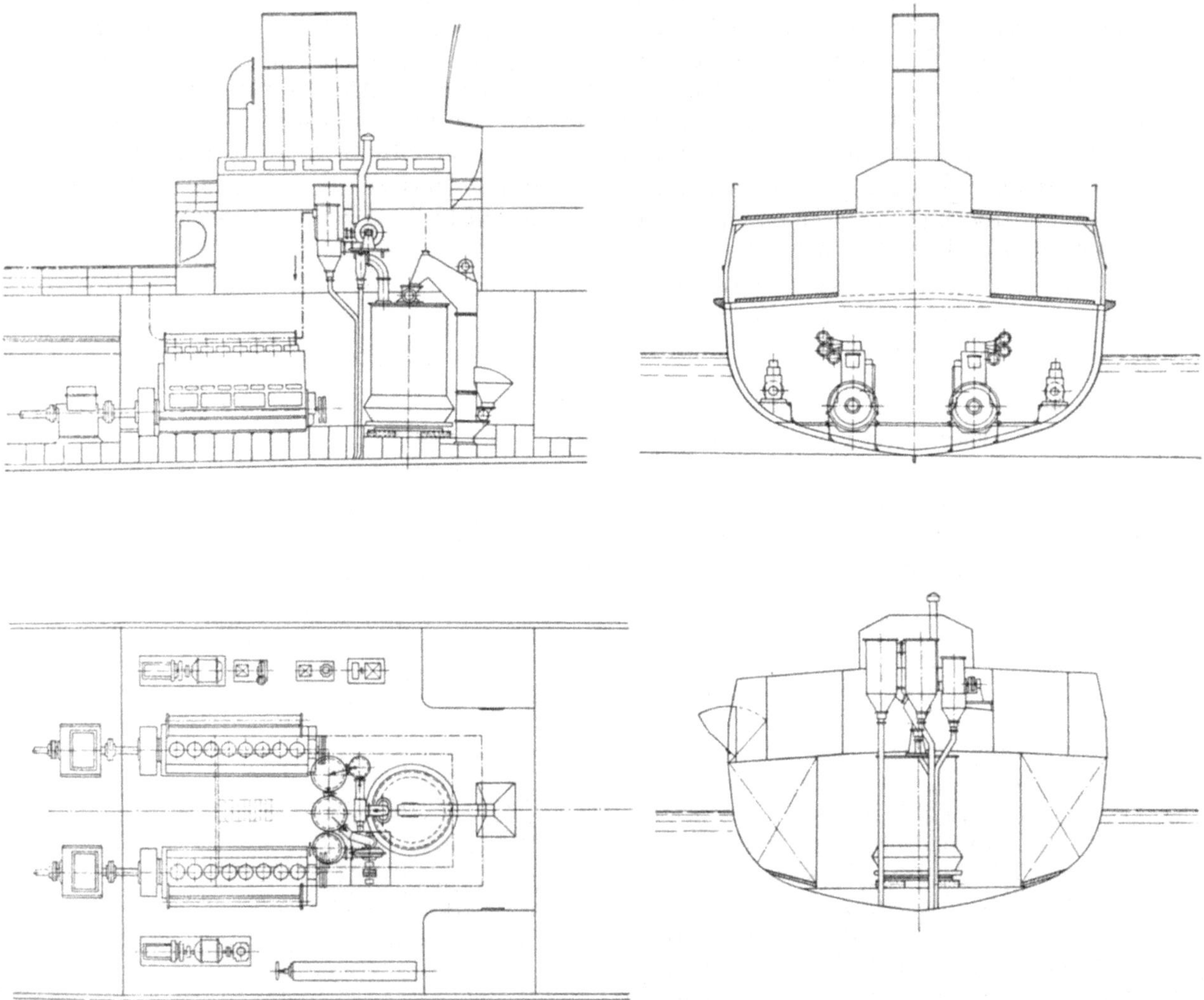

Abb. **34**. Gesamtanordnung einer zweimotorigen Schiffs-Gasanlage 1000 PS (Deutz)

Wichtig ist, daß bei Betriebsschluß gleichzeitig mit der Verhinderung der Bewegung des Gases zum Motor hin der *Kaminschieber* geöffnet wird, damit das zunächst sich noch bildende Gas widerstandsfrei entweichen kann. Im oben geschilderten Umschaltventil sind beide Schaltungen zwangsweise miteinander gekuppelt. Um Belästigungen der Nachbarschaft zu vermeiden, soll man das nach dem Stillsetzen der Anlage noch abziehende Gas, welches mit dem Abdrosseln der Vergasungsluft rasch weniger wird, am Kaminende verbrennen („abfackeln").

Dem (Grob-)Staubabscheider folgt nun in Landanlagen der seit Jahrzehnten bei Vergasung *teerarmer* Brennstoffe (Gehalt an Flüchtigem unter 10%) bewährte *Naß-*

reiniger, dem man noch häufig die Bezeichnung „Skrubber“ gibt. Dies ist ein stehendes mit Füllmasse oder Horden ausgestattetes zylindrisches Gefäß, durch das das Gas von unten nach oben gegen den Strom des herabrieselnden Wassers strömt. Man braucht 12 bis 15 m³/h Wasser je Nm³ Gas. Oft baut man eine unberieselte Stufe als Tropfenabscheider im Oberteil ein. Füllung: Koks 30/60 mm, Holzhorden oder keramische Körper, z. B. Raschig-Ringe (Abb. 32).

Abb. 26 zeigt eine kleinere Planrost-Anlage dieser Art für Vergasung von Holzkohle, gutem Anthrazit, gut ausgegartem Schwelkoks oder feinkörnigem Brechkoks. Hier handelt es sich nur — Teer fehlt ja im Brennstoff — um eine gute Kühlung und Entstaubung. Solche Anlagen können für Gasmotoren bis etwa 200 PS empfohlen werden.

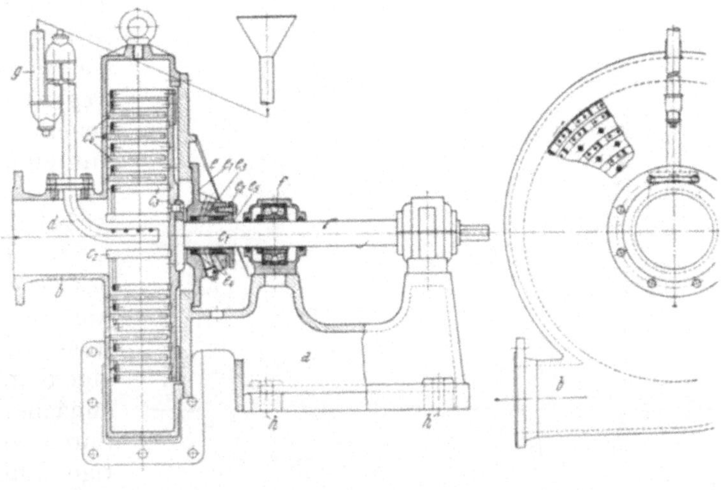

Abb. 35. Schlagwäscher (Theisen[1]-Desintegrator) für mechanische Reinigung von 700 Nm³/h. *a* Lagerbock; *b* Gehäuse; *c* Rotor; c_1 Welle; c_2 Spritzkorb; c_3 Scheibe mit rotierenden Flachstabeinbauten; c_4 Stillstehende Rundstäbe; *d* Einspritzrohr; *e* Stopfbüchse mit Wassersperrung und Büchse; e_1 Stopfbüchsengehäuse; e_2 Stopfbüchsenbrille; e_3 Wassersperring; e_4 Graphitschnur; e_5 Schonbüchse; *f* Lager mit Pendelrollenlaufring; *g* Syphonrohr; *h* Ankerschraubenlöcher

Für Schiffsanlagen (Abb. 34), wo ja Wasser in beliebiger Menge zur Verfügung steht, ist der Skrubber durch einen in mehreren Etagen bebrausten Naßreiniger ohne Füllstoffe ersetzt, der wesentlich leichter ist und an geeigneter Stelle mit Abfluß genügend hoch über der Wasserlinie aufgehängt wird.

Hat der Brennstoff Teerspuren (etwa über 8% „Flüchtigem“) und, um günstige Füllung und leichte Regelbarkeit der Gasmotoren zu sichern — vor den Maschinen 0 bis + 10 mm WS —, ist es vorteilhaft, einen mechanischen *Schleuderwäscher* anzuordnen, der also gleichzeitig Gasförderer ist. Dieser soll ein „Schlagwäscher“ (Abb. 32 und 35) sein, ausgerüstet mit seitlich stehenden, auf einen Kreis angeordneten Stäben, an denen die Förderflügel vorbeischlagen. Die letzten Nebeltröpfchen werden noch in einem mit Riffelblech-Einsätzen ausgestatteten kastenartigen Schlußreiniger ausgeschieden. Für *teerreiche* Brennstoffe zwei Schlagwäscher (Abb. 35)!

Das Gas aus aufsteigend vergasenden Drehrost-Generatoren, die teerarme, jedoch für Motorenbetrieb *schwefelreiche* Brennstoffe verarbeiten, muß z. B. nach Abb. 32 entschwefelt werden. Der *Schwefelreiniger* enthält in Etagen aufgeteilte Lagen von Raseneisenerz. Diese stark verzweigte Aufteilung des Gasstromes ist notwendig, damit zur vollständigen Absorption die Geschwindigkeit des Gases gering ist (10 mm/sek) und Staub aus dem Schwefelreiniger nicht mitgerissen wird. Die Masse reichert sich allmählich mit Schwefel an und muß nach gewisser Zeit durch eine Luftströmung regeneriert werden. Wenn die Motorenanlage nicht während dieser Regenerationspause stillgesetzt werden kann, muß ein zweiter, wechselweise einzuschaltender Schwefelreiniger angeordnet werden.

[1] Theisen GmbH., München 27.

Das, wie beschrieben, unmittelbar durch das Gas geleitete Kühl- und Reinigungswasser ist unter den oben genannten Voraussetzungen — *teerarme Brennstoffe aufsteigend*, bzw. *teerreiche absteigend* oder im Doppelfeuer vergast — nicht ausgesprochen giftig (Phenol-Gehalt unter 0,3 g/m^3 Wasser). Bei dem meist vorhandenen, wenn auch geringen Schwefelgehalt riecht es jedoch unangenehm nach Schwefelwasserstoff (H_2S). Praktisch geruchlos kann es dann durch Belüftung über ein Rieselwerk oder besser durch Zerstäuben im Abgasstrom der Motoren und anschließende Ableitung gemacht werden. Für Schiffs-Gasanlagen sind solche Maßnahmen wegen der großen Wassermassen, in denen die Vergasungs-Abscheidungen „untergehen", nicht nötig, zumal die Schiffsschraube für intensive Durchwirbelung sorgt.

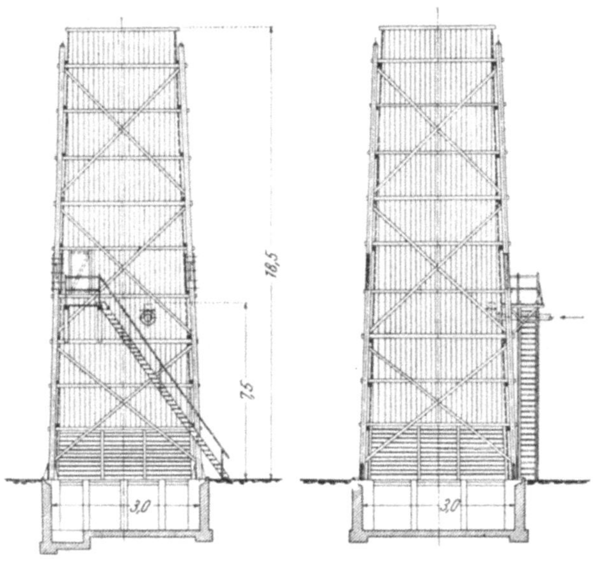

Abb. 36. Kaminkühler (Zschocke-Werke, Kaiserslautern) für 20 m^3/h umlaufendes Gas-Waschwasser, ausreichend für eine Leistung der Gasmotoren von etwa 800 PS

Soll das Kühl- und Reinigungswasser des Gases im *Umlauf* verwendet werden, was ja schon im Hinblick auf Frischwasser-Ersparnis zumal bei größeren Anlagen geboten ist, dann bewirkt man zunächst die Kühlung und Entdunstung durch eine, eben schon erwähnte, kräftige Luftberührung. Meist pumpt man zu diesem Zweck das Wasser über einen *Kühlturm* (Abb. 36), der im Innern ein Reisig- oder Latten-*Gradier*-Werk besitzt.

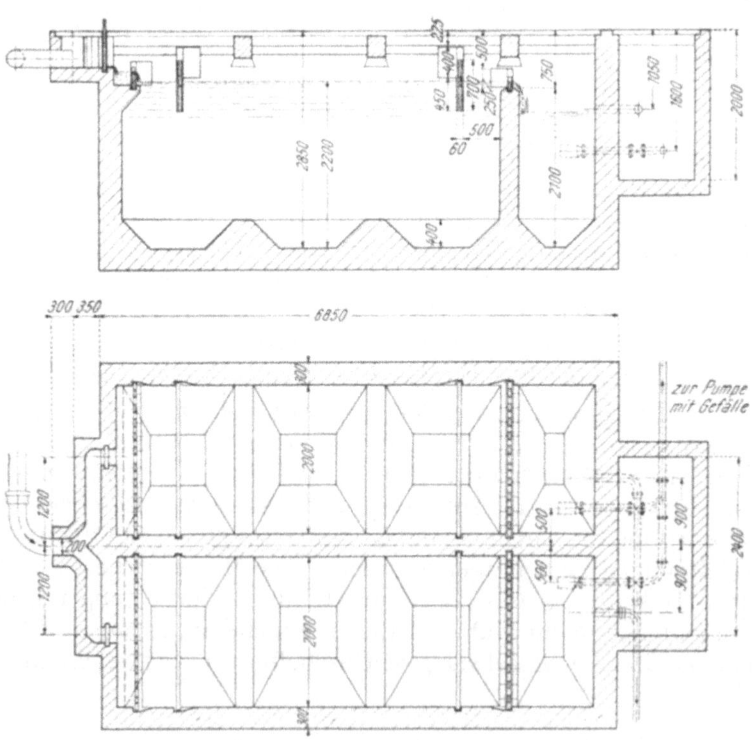

Abb. 37. Klärgrube für etwa 25 m^3/h umlaufendes Gas-Waschwasser (etwa 1000 PS)

Der Dunst zieht nach oben ab. Einfache Strahlzerstäubung des Reinigungswassers in Luft ist zwar möglich, aber wegen Geruchbelästigung meist nicht zu empfehlen. Nach Verlassen des Kühlturms wird das Wasser durch eine *Klärgrube* geführt (Abb. 37). Die Grube soll so bemessen sein, daß das Wasser wenigstens zwei Stunden in ihr verweilt, bevor es wieder von der Umwälzpumpe in die Gasreiniger gefördert wird. Zeigt sich die Notwendigkeit einer Entsäuerung, so muß die erste Abteilung der Klärgrube mit Kalkstein gefüllt werden. Es ist vorteilhaft, *ständig* einen kleinen Teil des geklärten Umlaufwassers wegzuführen und durch Frischwasser zu ersetzen, um so eine Übersättigung zu verhüten.

Die reine *Kühlung* des Gases kann auch *mittelbar* in Wärmetauschern erfolgen, so daß das hierfür verwendete Wasser völlig sauber bleibt und im Durchfluß oder nach Rückkühlung beliebig lange im Umlauf verwendet werden kann. Abb. 38 zeigt eine solche Anlage. Hier schlägt sich bei aufsteigender Vergasung daher nur das *Schwelwasser* mit der Abkühlung des Gases nieder. Dies stammt also aus dem Brennstoff selbst und dient im Umlauf zur Einspritzung in den hinter dem Staubsack angeordneten Vorkühler. Die Gastemperatur ist dann etwa 80°. Das Phenolwasser ist, zumal, wenn kohlenstoffreiche Brennstoffe verarbeitet werden, giftig.

Bei absteigender und Doppelfeuer-Vergasung fällt kein oder nur sehr wenig Schwelwasser an.

Wie schon angedeutet, erfordert die aufsteigende Vergasung *kohlenwasserstoffreicher* Brennstoffe (z. B. Braunkohle, Torf, Holz) in Verbindung mit motorischem Betrieb eine ziemlich größere Reinigungs-Apparatur als die bis jetzt besprochene für aufsteigende Vergasung kohlenstoffarmer Brennstoffe, bzw. absteigende oder Doppelfeuervergasung kohlenwasserstoffreicher Brennstoffe. Bevorzugen wird man die eben schon erwähnte mittelbare („indirekte") Kühlung. Da das sich bei der Vergasung bildende Phenol (C_6H_5OH) und andere ähnlich aufgebaute Kohlenwasserstoffe die hauptsächlichen Gifte sind, ist fast stets deren Vernichtung notwendig. Dies geschieht, soweit möglich, schon dadurch, daß das Schwelwasser zur Anfeuchtung der Vergasungsluft, also zur Lieferung des Vergasungsdampfes (S. 22) benutzt wird, und zwar durch mittelbare drucklose Verdampfung in einem aus dem Wassermantel-Dampf zweckmäßig mit 0,5 atü (obere Grenze der „Niederdruck"-Bestimmungen) beheizten Wärmetauscher. Der phenolhaltige Dampf mischt sich nun, wie üblich, mit der Vergasungsluft. Größeren Schwelwasseranfall, wie er sich meist bei über 14% Brennstoff-Feuchte ergibt, kann man nur durch eine besondere Verbrennungseinrichtung, z. B. einen gemauerten kleinen Ofen, der mit Teer oder auch Gas beheizt wird, vernichten. Die Abwärme des Ofens ist selbstverständlich nutzbar.

Die *Gewinnung* des Phenols als Wertstoff ist nur in sehr großen Anlagen lohnend. *Teer* und *Öl* dagegen, aus dem Gas entfernt, können ohne besondere Schwierigkeiten als Nebenprodukte die Wirtschaftlichkeit der Anlage erhöhen, wenn sie keine nennenswerten Beimengungen von Staub und Wasser haben. Näheres sei an einigen Beispielen erläutert:

Die *Vergasung backender Steinkohle* erfordert für motorischen Betrieb die umfangreichste Apparatur. Da nach S. 20 eine intensive Durcharbeitung der oberen Schichten des Brennstoffbettes (Rührwerk oder ähnliches) notwendig ist, enthält das Rohgas viel Staub. Hier ist also ein großer ausgemauerter Trockenstaubabscheider (Abb. 31, 38) zu empfehlen.

Es folgt — dies gilt auch für aufsteigend vergaste *Braunkohlenbriketts, Lignit, Holz* und *Torf* — ein mit sehr fein zerstäubtem Umlaufwasser beaufschlagter Vorkühler, der die Temperatur des Gases auf etwa 80° C senkt. Dies geschieht nun bei der hier zunächst besprochenen *mechanischen Gasreinigung* in einem Schlagwäscher besonders hoher Wirksamkeit — einem sogenannten Desintegrator (Abb. 35) —, der den Teer auswäscht und seinerseits im Umlauf mit 80-grädigem, daher dünnflüssigem *Teer* beaufschlagt wird.

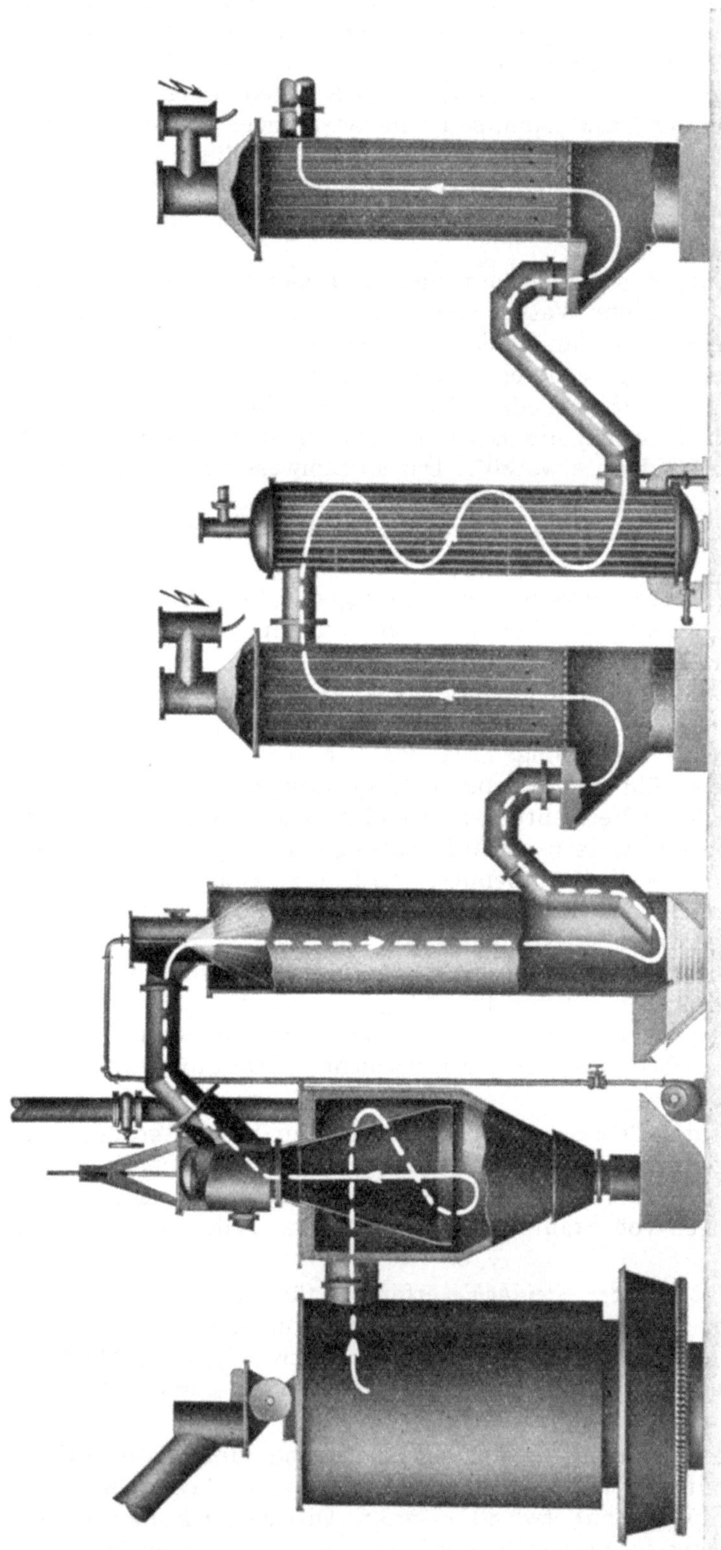

Abb. 38. Anlage für aufsteigende Vergasung teerreicher Brennstoffe mit zweistufiger elektrischer Gasreinigung (S. 41, 42)

Es ist vorteilhaft, nun einen Teer-Tropfenfänger — ein mit Raschig-Ringen gefülltes zylindrisches Gefäß — anzuordnen. Die zweite Stufe beginnt mit einem Röhrenkühler (Wärmetauscher), der die Temperatur des Gases auf 20° senkt und dem ein zweiter Desintegrator nachgeschaltet ist. Abgeschieden werden hier die leichteren Kohlenwasserstoffe als Öl. Das anfallende Schwelwasser muß, wie erwähnt, wegen des Phenol-Gehaltes unschädlich gemacht, also entweder der Vergasungsluft als Dampf beigefügt oder in einem Ofen verbrannt werden. Als Reinheitsgrad des die Anlage verlassenden Gases werden 0,02 g/Nm³ Schwebestoffe vom Lieferwerk genannt (Abb. 31).

Eine vollkommene (99 bis 99,9%) Reinigung des Gases kann *elektrisch* erreicht werden, und zwar auch wieder entweder einstufig mit bloßer Teerabscheidung oder zweistufig mit Teer- und Ölgewinnung. Eine solche Anlage zeigt Abb. 38.

Das Prinzip der elektrischen Gasreinigung ist folgendes:

Das zu reinigende Gas wird durch ein geerdetes Rohr- oder Plattensystem geleitet, in dessen Längsachse ein dünner Draht isoliert aufgehängt ist, der mit hochgespanntem Gleichstrom beschickt wird (Abb. 39). Zwischen der Rohrwand, bzw. dem Plattensystem und der Drahtelektrode entsteht so ein elektrisches Feld, in dem die Schwebeteilchen des Gases aufgeladen und zur Rohr- oder Plattenwand (Niederschlagselektrode) geführt werden. Sind die aufgeladenen Schwebeteilchen an der geerdeten Niederschlagselektrode angelangt, so geben sie ihre Ladung ab und rutschen oder fließen an der Rohr- oder Plattenwand nach unten zu einem Sammelbunker. Die erforderliche hohe Gleichspannung (früher durch mechanische rotierende Gleichrichter, heute durch Selengleichrichter erzeugt) sowie die Geschwindigkeit lassen sich in dem Elektrofilter so aufeinander abstimmen, daß praktisch jeder beliebige Reinheitsgrad erreicht werden kann.

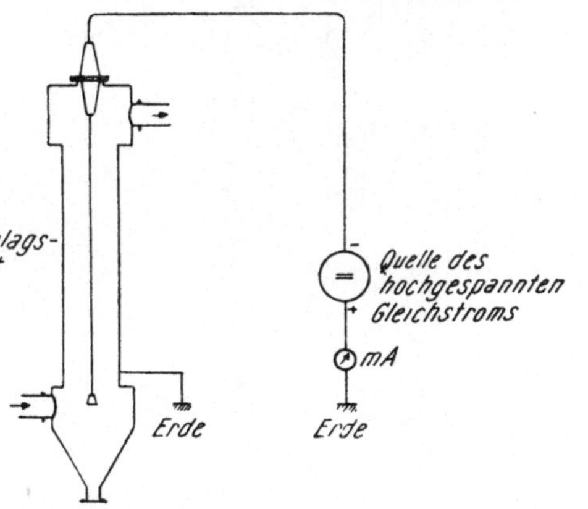

Abb. 39. Schema elektrischer Gasreinigung

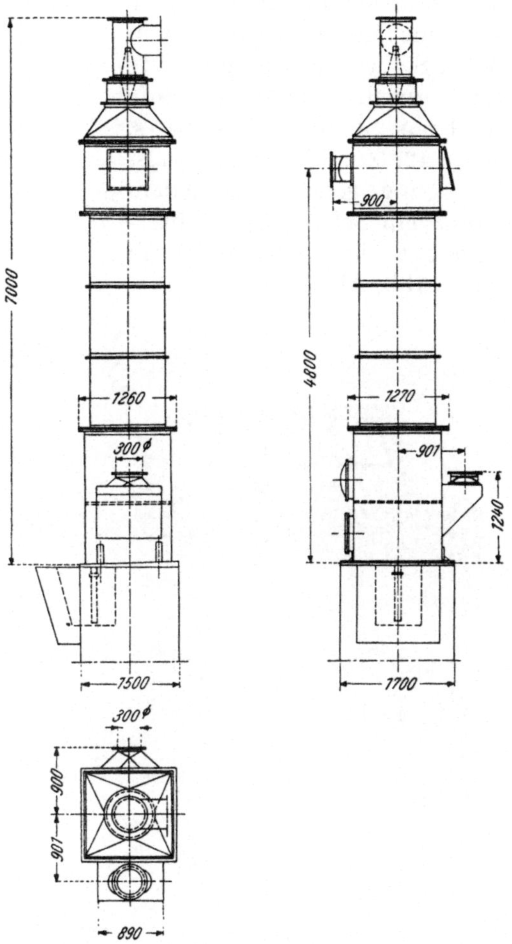

Abb. 40. Hauptmaße eines Elektro-Gasreinigers (Lurgi) für 1000 Nm³/h Generatorgas

Die schematische Darstellung, Abb. 38, zeigt eine zweistufige elektrische Entteerungsanlage für *Braunkohlen-Generatorgas*. Das vom Generator kommende Rohgas gelangt nach der üblichen Vorentstaubung je nach seiner Temperatur unmittelbar oder über einen

Vorkühler zur Entteerung bei etwa 90° C in die erste Filterstufe. Nach einem Nachkühler (Röhrenkühler) werden in der zweiten Elektrofilterstufe die in dem Kühler gebildeten Öl- und Wassernebel bei etwa 25° C restlos abgeschieden. Der Teer aus der ersten Stufe enthält das gesamte Paraffin, so daß sich im Schlußkühler in der zweiten Stufe und in den Rohrleitungen keine störenden Ansätze mehr bilden können.

Zur Abscheidung von *Steinkohlen-*, *Torf-* oder *Holz*teer genügt eine einstufige Elektroentteerung bei 25° bis 30° C, da hier kein Paraffin vorhanden ist, so daß der Teer bei dieser Temperatur einwandfrei abfließt. Eine schonende Vergasung (Gasleistung nicht über 350 Nm^3/m^2h) wird vorausgesetzt. Abb. 40 zeigt ein Elektrofilter mit Hauptabmessungen für 1000 Nm^3/h Generatorgas aus Braunkohle oder Braunkohlenbriketts für eine Motorenleistung von 600 PS, wie es für die erste und zweite Reinigungsstufe in Frage käme. Ansicht s. Abb. 42. Zur Hochspannungserzeugung gehört zu jedem Filter ein Selen-Gleichrichteraggregat in Schaltpultform nach Abb. 41.

Abb. 41. Ansicht eines Selen-Gleichrichter-Aggregates (Siemens) für Elektro-Gasreinigung

Abb. 42. Ansicht einer Elektro-Filteranlage für Schwelgas (Lurgi, vgl. Abb. 5)

Eine Gaskühlung *ausschließlich* durch mittelbare Luftkühlung war mit der Gasreinigung bei den Fahrzeug-Gasanlagen verbunden. Zu diesem Zweck ordnete man meist vor dem Motorenkühler einen Gaskühler an, der also auch im Bereich des Fahrwindes und des Motoren-Ventilators lag (Abb. 30). Nur für kleine Anlagen mit günstigen Windführungsverhältnissen ist eine solche Anlage ausreichend. Die Abscheidung des Schwelwassers und des im Gas enthaltenen Staubes geschah zunächst durch Fliehkraft in einem Zyklon und nach Unterschreitung des Taupunktes durch Haftwirkung an den feuchten Prallflächen, die in leicht zu öffnenden Blechzylindern angeordnet waren.

III. Betriebsverhalten der Gaserzeuger

Um die Gasanlage erstmalig in Betrieb zu nehmen, verfährt man wie beim Anheizen eines Schachtofens: Über den Rost wird eine Schicht gut luftdurchlässiger Asche etwa 10 cm hoch gebreitet. Selbstverständlich muß diese Asche gut ausgebrannt sein, da sie den Rost vor zu hoher thermischer Beanspruchung zu schützen hat und daher nicht selbst noch wesentliche Kohleanteile enthalten darf. Auf die Asche schüttet man dann leicht entzündbaren Brennstoff: Unten z. B. gut lufttrockenes Holz und darauf Braunkohlenbriketts oder ähnliches. Der Kamin des Gaserzeugers wird voll geöffnet, das Feuer entzündet und der Bläser (Ventilator) in Betrieb gesetzt (vgl. Abb. 16). Nun läßt man, wenn das Feuer sich in guter Glut befindet, allmählich den Vergasungs-Brennstoff durch die Beschickungseinrichtung einschleusen.

Diese Art der Inbetriebsetzung gilt nicht nur für aufsteigende und Doppelfeuer-Vergasung — wo sich dann der normale Vergasungsvorgang von selbst einstellt — sondern auch für absteigende Vergasung. Hier wird erst nach genügendem Durchbrand die Richtung der Vergasungsluft umgekehrt, so daß diese dann durch den bereits glühenden, daher entteerten Brennstoff strömt und die Reduktion, die Gasbildung, einsetzt.

Ist der Gaserzeuger einmal in normalen Betrieb gekommen, so verlangt er im allgemeinen während des Betriebes keine besonderen Eingriffe — nur notfalls bei leicht schlackendem Brennstoff. Die Entaschung und Beschickung arbeitet bei Drehrost-Anlagen selbsttätig, ebenso die Speisung der Wasserkammer.

In größeren Gaserzeugern glüht der Brennstoff auch während langer Betriebspausen fort, wenn man nach Umschalten auf „Kamin" für einen leichten Zustrom von Luft ähnlich wie bei einem Dauerbrandofen durch natürliche Zugwirkung sorgt. Die untere Grenze der Winddrossel-Einstellung wird durch die Erfahrung erreicht. Man stellt erst reichlich Luft ein, dann geht man Schritt für Schritt bis an eine untere Grenze, die noch eine gewisse Sicherheit für die Erhaltung der Glut gewährleistet. Nur sehr kleine Generatoren (etwa unterhalb 600 mm Schachtdurchmesser), bei denen die kühlende Wandwirkung zu stark auf die Temperatur der Glut wirkt, neigen beim Stillstand zum Verlöschen und müssen vor Wiederinbetriebsetzung der Motoren neu angeheizt werden. Dies macht keine Schwierigkeiten, wenn noch leicht entzündbarer Brennstoff vorhanden ist. Das Neu-Anstecken ist dagegen recht umständlich und kann eine völlige Entleerung des Gaserzeugers zur Voraussetzung haben, wenn nur schwer entzündbare, halbveraschte und schon erkaltete Reste von Koks oder Anthrazit sich noch im Schacht befinden.

Je größer der Gaserzeuger, um so geringer ist die kühlende Wirkung des Wassermantels und um so günstiger auch die *Anpassung an Schwankungen in der Gasentnahme.* Die Reaktionswilligkeit des Brennstoffes spielt natürlich eine Rolle und ist gekennzeichnet durch die Selbstzünd-Temperatur (Zahlentafel 3, S. 6); indessen muß man sich vergegenwärtigen, daß die im ordnungsgemäßen Betrieb bestehende Glutzone sich gleichsam selbst — bis auf die äußerste Randpartie — isoliert, also kaum abkühlt. Der hochglühende Kohlenstoff bietet sich daher der an der Asche schon vorgewärmten Vergasungsluft für rasch einsetzende Verbrennung mit großer Oberfläche dar. Immerhin soll man bei plötzlichem Einsetzen der vollen Gasentnahme nach längerem Stillstand mit kurzzeitiger Erhöhung des Wasserstoffgehaltes und geringerem Gehalt an Kohlenwasserstoffen im Gas rechnen, daher mit der Dampfzugabe zur Vergasungsluft vorsichtig und allmählich einsetzen, bzw. dem Motor zunächst einen etwas höheren Luftüberschuß für die Verbrennung geben. Beim Lastwechsel während des Betriebes finden dagegen nur geringe Veränderungen in der Gaszusammensetzung statt. Dies zeigen Abb. 43 bis 46 mit den Kennlinien eines Wassermantel-Drehrost-Gaserzeugers.

Es wurde für die Messungen eine Baugröße mit verhältnismäßig kleinem Durchmesser gewählt. Größere Gaserzeuger zeigen noch geringere Schwankungen in Abhängigkeit von der Gasentnahme, bzw. Schachtquerschnittsbelastung. Die Gaszusammensetzung ist Abb. 47 bis 49 zu entnehmen.

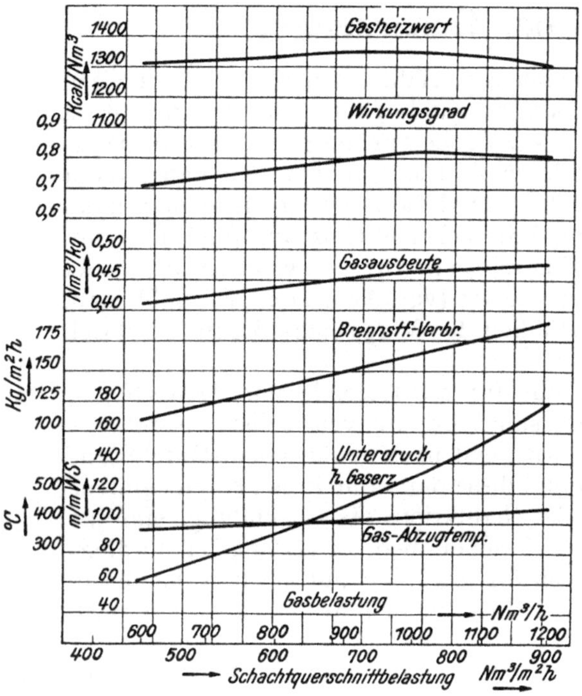

Abb. 43. Betriebskennlinien eines Gaserzeugers nach Abb. 16, Type AR 213, 1300 mm Schachtdurchmesser (Deutz). Brennstoff: Anthrazit Nuß IV, Körnung 10/20 mm. Schütthöhe 1200 mm, Windsättigungstemperatur 58° C

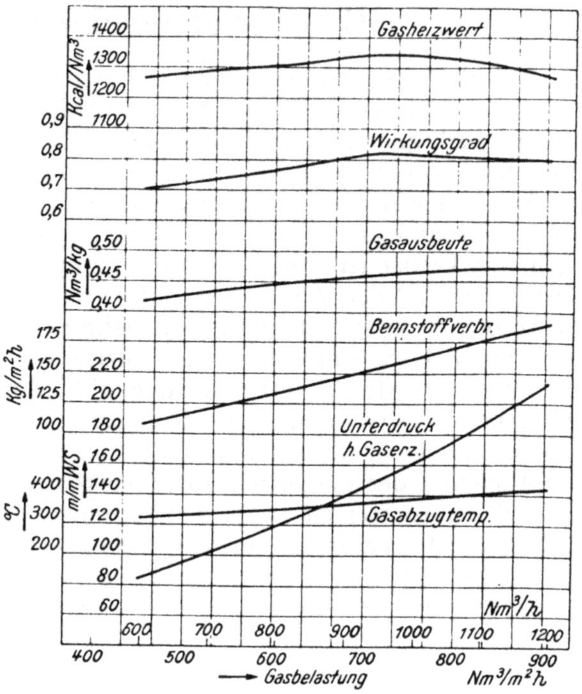

Abb. 44. Betriebskennlinien des Gaserzeugers AR 213. Gleiche Verhältnisse wie bei Abb. 43, jedoch Brennstoff: Anthrazit Nuß IV, Körnung 8/15 mm

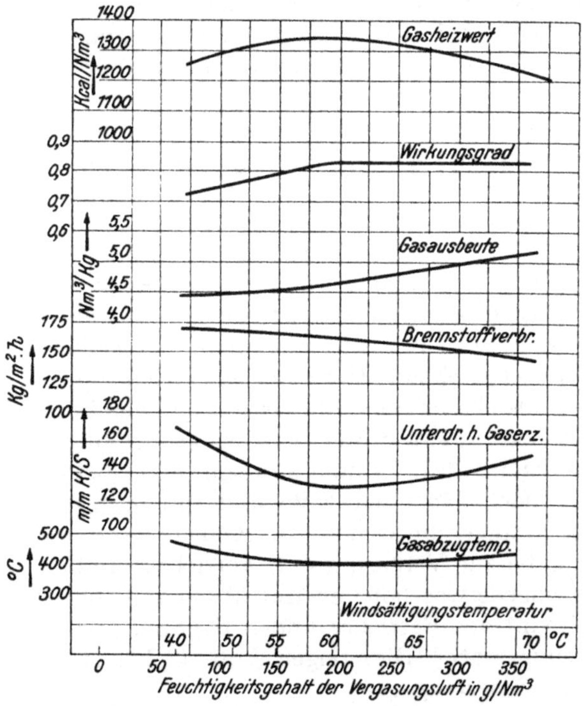

Abb. 45. Betriebskennlinien des Gaserzeugers AR 213. Brennstoff: Anthrazit Nuß IV, Körnung 10/20 mm. Gasleistung 1000 Nm³/h. Schütthöhe 1200 mm. Feuchtigkeitsgehalt der Luft veränderlich

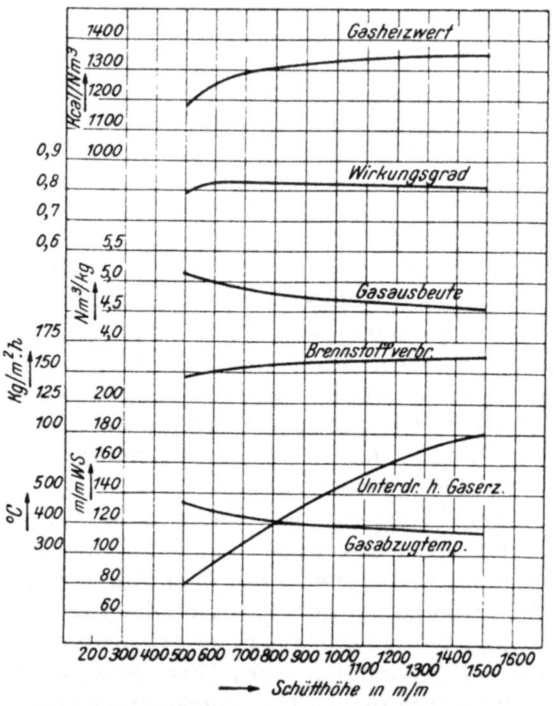

Abb. 46. Betriebskennlinien des Gaserzeugers AR 213. Brennstoff: Anthrazit Nuß IV, Körnung 8/15 mm. Gasleistung 1000 Nm³/h. Windsättigungstemperatur 58° C. Schütthöhe veränderlich

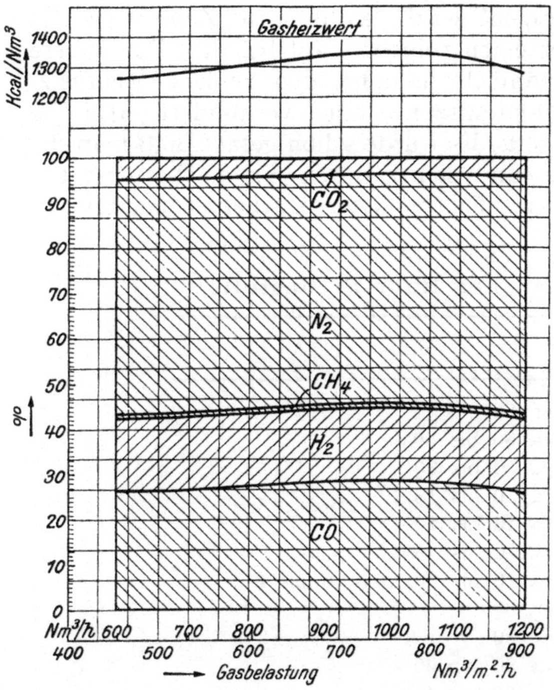

Abb. 47. Gaszusammensetzung des Gaserzeugers AR 213 unter den Betriebsbedingungen nach Abb. 44

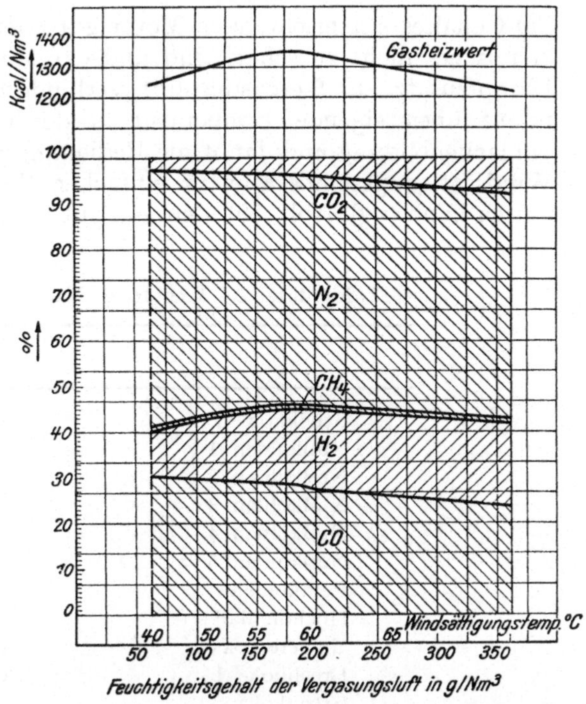

Abb. 48. Gaszusammensetzung des Gaserzeugers AR 213 unter den Betriebsbedingungen nach Abb. 45

Das *thermisch günstigste Verhalten* des Gaserzeugers liegt nach Abb. 43, 47 und 50 bei einer Querschnittsbelastung von etwa 750 Nm³/m²h. Dies entspricht einem spezifischen Durchsatz von etwa 140 kg/m²h, also einer für Dauerbetrieb recht hohen Leistung, die nur mit gut gleichmäßig klassiertem Anthrazit ohne besondere Bedienungsarbeit möglich ist. Leider muß man jedoch heute meist mit schlechterem Brennstoff rechnen, besonders mit verhältnismäßig hohem Staubanteil. Staubnester beeinträchtigen aber, wie erwähnt, das gleichmäßige Durchströmen des Dampfluftgemisches, und es bilden sich leicht Hochglutnester, wo die Schlacke flüssig wird und dann nach dem Ausbrand zu Klumpen erstarrt. Es ist deshalb richtiger, die Normalbelastung etwa auf 600 Nm³/m²h zu legen, entsprechend etwa 125 kg/m²h. Zahlentafel 6 gibt Richtwerte (Abb. 50).

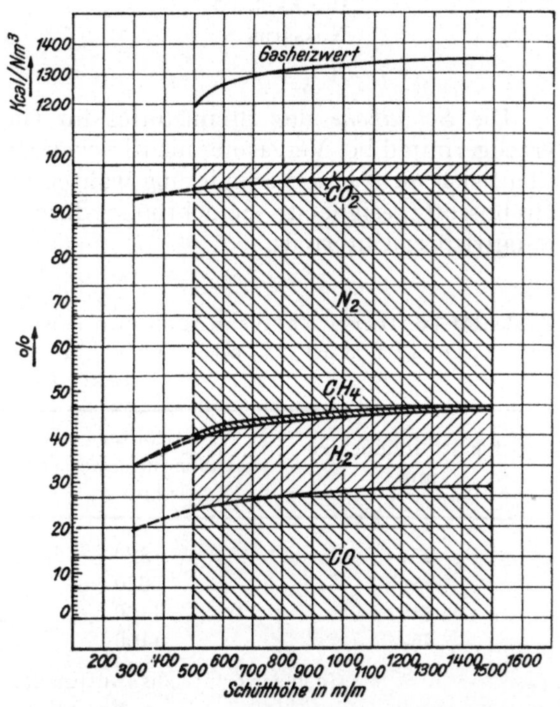

Abb. 49. Gaszusammensetzung des Gaserzeugers AR 213 unter den Betriebsbedingungen nach Abb. 46

Wie Abb. 45 und 48 zeigen, beeinflußt der *Feuchtigkeitsgehalt der Vergasungsluft* das Verhalten des Gaserzeugers. Für Anthrazit und Magerkohle liegt die günstigste *Windsättigungstemperatur* zwischen 55° und 60° C. Auch auf 65° C kann man unbedenklich gehen, wenn der damit steigende Wasserstoffgehalt des Gases, dem ein Absinken des

CO-Gehaltes entspricht, vom Motor gut „vertragen" wird, das heißt die Zündungen des Gemisches nicht zu scharf sind und der Motor einen ruhigen Lauf behält. Der höhere Dampfzusatz zur Vergasungsluft verhindert nämlich zu hohe, den Schlackenschmelzpunkt übersteigende Temperatur in der Oxydationszone und vermindert also die Schlackenbildung und damit die Bedienungsarbeit. Es wurde schon gesagt, daß man die Windsättigungstemperatur in einfacher Weise und sicher durch einen Thermostaten halten kann (vgl. Abb. 10), dem ein gut ablesbares Thermometer parallel zu schalten ist.

Zahlentafel 5. Mittlere Körnungen der Ruhr-Brennstoffe

	mm
Stückkohlen	über 80
Nußkohlen 1	etwa 80 bis 50
Nußkohlen 2	etwa 50 bis 30
Nußkohlen 3	etwa 30 bis 18
Nußkohlen 4	etwa 18 bis 10
Nußkohlen 5	etwa 10 bis 6
Feinkohlen	etwa 10 bis 0, bzw. 6 bis 0
Hochofenkoks	über 80
Gießereikoks	über 80
Brechkoks 1	etwa 80 bis 60
Brechkoks 2	etwa 60 bis 40
Brechkoks 3	etwa 40 bis 20
Brechkoks 4	etwa 20 bis 10
Brechkoks 5	etwa 10 bis 6
Koksgrus	etwa 10 bis 0, bzw. 6 bis 0

Die *Schütthöhe* des Brennstoffes im Gaserzeuger kann (S. 20) bei größeren Gaserzeugern und bei Vergasung nichtbackender Brennstoffe eingestellt werden, jedoch empfiehlt sich nicht eine Veränderung während des Betriebes, sondern man wählt die für den Brennstoff geeignetste Schichthöhe durch Festschrauben der Haltestangen des Einhängtrichter-Unterteils.

Zahlentafel 6. Hauptabmessungen von Festrost-Gaserzeugern (aufsteigende Vergasung) für Anthrazit Nuß IV oder Nuß III, Magerkohle Nuß IV oder Nuß III, Brechkoks IV, Holzkohle

Schachtdurchmesser mm	Größter Außendurchmesser mm	Höhe bis Bühne mm	Leistung Nm³/h bei Vergasung teerarmer Brennstoffe
375	820	3015	55
450	820	3015	85
540	1100	2850	125
650	1100	3015	180

Gasheizwerte: aus Anthrazit: Hu 1000 bis 1150 kcal/Nm³
aus Brechkoks: Hu 900 bis 1100 kcal/Nm³

Bei gleichbleibender Schütthöhe und Windsättigungstemperatur ändert sich nun der *Strömungswiderstand* im Brennstoffbett, der zwischen dem Druck des Dampfluftgemisches vor Eintritt in den Rost und dem Gasdruck am Abzugsstutzen gegeben ist, mit der Belastung nach Abb. 50. Wie erwähnt, ist es am besten, am Austritt des Gases Atmosphärendruck zu halten. Man kann also von hier aus durch einen guten Druckregler, z. B. Wasserglockenregler, eine hinter dem Bläser (auf Abb. 16) angeordnete Drosselklappe beeinflussen. In Einzelfällen, vor allem bei vereinigten Heiz-Kraft-Anlagen ist aber ein höherer Gasdruck z. B. 40 mm WS im Netz erwünscht. Für die Motoren regelt man dann den Gasdruck in der zu diesen führenden Sammelleitung. Die Motoren arbeiten ebenfalls am besten bei einem Gasdruck von ± 0 mm WS. In den Einlaßorganen der Motoren herrscht dann Unterdruck. Dies ist wichtig, damit nicht bei etwaigen Undichtigkeiten das giftige Generatorgas in den Motorraum dringen kann.

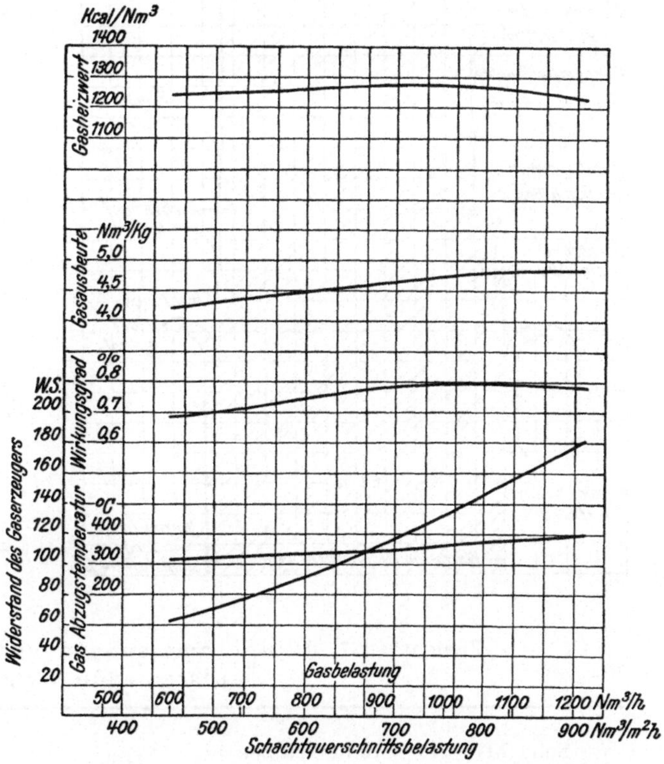

Abb. 50. Betriebskennlinien des Wassermantel-Gaserzeugers (Wassermantel bis zum oberen Ende des Schachtes hinaufgezogen) Deutz AR 313, 1300 mm Schachtdurchmesser. Brennstoff: Anthrazit Nuß IV, Körnung 10/20 mm. Schütthöhe 1200 mm. Windsättigungstemperatur 55° C

Mit der Schütthöhe und Belastung des Gaserzeugers ändert sich naturgemäß auch der *Staubgehalt* des Gases (Abb. 51). Die Angaben in diesem Bild darf man jedoch nicht als absolute Werte betrachten, sondern nur als Beispiel, denn entscheidend ist der Staubanteil, mit dem der Brennstoff angeliefert wird.

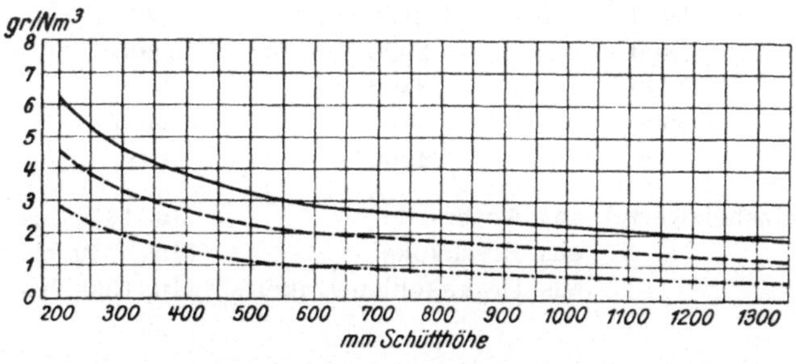

Abb. 51. Staubgehalt des Gases hinter dem Gaserzeuger AR 313. Brennstoff: Anthrazit Nuß IV. Windsättigungstemperatur 60° C

Den *Verbleib der Brennstoffwärme* zeigt als Beispiel Abb. 52. Für größere Gaserzeuger wird das Verlustglied „*Überschußdampf*" kleiner und sinkt auf praktisch 0. Man kann auch den *Strahlungsverlust* durch Isolierung der Wasserkammer auf etwa die Hälfte herabdrücken und den Verlust an *fühlbarer Gaswärme* durch Anordnung eines Wärmetauschers unmittelbar hinter dem Gasabzugsstutzen betrieblich verwerten.

Bei kleinen Gaserzeugern, wo also Überschußdampf entsteht, ist dieser als *Abwärme* verfügbar und kann z. B. der Motor-Abwärme-Nutzung eingefügt werden (Abb. 4). Daß man den in der Wasserkammer erzeugten Dampf auch *mittelbar* zur Windsättigung verwenden kann, wobei jeder Kesselsteinansatz wegfällt, wurde schon gesagt. Es ist dies vor allem bei aufsteigender Vergasung teerhaltiger Brennstoffe zu empfehlen, womit man die Phenole durch Verdampfen des Schwelwassers unschädlich machen kann.

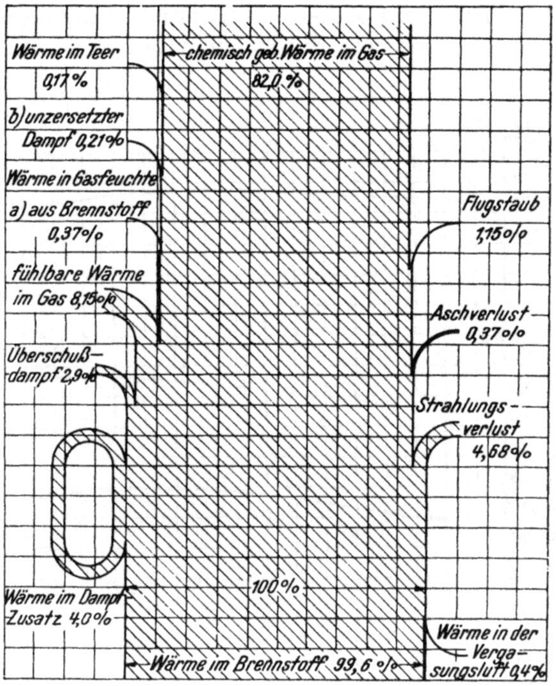

Abb. 52. Verbleib der Brennstoffwärme bei aufsteigender Vergasung von Anthrazit oder Magerkohle (AR 213)

Diese ausführlichere Darstellung der Betriebsverhältnisse bei aufsteigender Vergasung von Anthrazit in einem Gaserzeuger mittlerer Größe möge auch als Richtlinie für Versuche mit anderen Bauarten und für andere Brennstoffe dienen. Zahlentafel 7 gibt einige Vergleichswerte für die aufsteigende Vergasung von *Koks* und *Braunkohlenbriketts.* In der Wärmebilanz der aufsteigenden Vergasung *teerreicher Brennstoffe* muß auch der Heizwert des Teers als Aktivposten erscheinen, denn, will man *keinen* Teer gewinnen, dann wird man die Doppelfeuer- oder bei kleinen Gaserzeugern die absteigende Vergasung anwenden.

Zahlentafel 7. Hauptabmessungen von Drehrost-Gaserzeugern (aufsteigende Vergasung)

Schacht-durchmesser mm	Größter Außen-durchmesser mm	Höhe mm	Leistung Nm^3/h bei Vergasung von		
			Anthrazit	Koks	Braunkohlen-Briketts
650	1150	2850	215	200	—
900	1600	3400	400	380	200
1300	2120	4220	850	820	500
1800	2900	5000	1500	1450	1100
2300	3400	5100	2600	2500	1800
2600	3750	5400	3200	3000	2500
3000	4200	5500	4000	3800	3200

Gasheizwerte: aus Anthrazit: Hu 1050 bis 1300 $kcal/Nm^3$
aus Brechkoks: Hu 950 bis 1150 $kcal/Nm^3$
aus Braunkohlen-Briketts: Hu 1300 bis 1500 $kcal/Nm^3$
} steigend mit steigender Gaserzeugergröße

IV. Wahl der Gaserzeugergröße

Während Verbrennungsmotoren eine ziemlich scharfe Grenze erkennen lassen bei deren Überschreitung man von *Überlastung* sprechen muß, die wegen thermischer Überanstrengung wichtiger Motorteile, z. B. der Kolben, nur beschränkte Zeit gefahren werden darf, legt man bei Gaserzeugern die Normallast unterhalb eines gewissen *Bedienungsaufwandes.* Die niedrigeren Werte der Abb. 50 gelten etwa diesem Betriebszustand, während die oberen Werte, die auch noch erhöht werden können, im Wirkungsgrad und Gasheizwert durchaus keine Einbuße, zum Teil noch eine Besserung bringen (vgl. auch

Abb. 43), aber um so mehr Stocharbeit erfordern, je höher sie über den unteren Werten liegen. In Abb. 43 bis 46 sind die *Gasabzugstemperaturen* im gleichen Sinne zu verstehen.

Zahlentafel 8. Hauptabmessungen von Planrost-Gaserzeugern mit absteigender oder Doppelfeuervergasung für Stückholz-Abfälle

Schachtdurchmesser mm	Größter Außendurchmesser mm	Höhe mm	Vergasungsart	Leistung Nm^3/h bei Vergasung von Stückholz-Abfällen
300	570	2100	absteigend	40
370	680	2100	absteigend	70
470	1100	3400	Doppel-Feuer	200
730	1600	4350	Doppel-Feuer	350
850	2300	5400	Doppel-Feuer	620
1000	2300	5400	Doppel-Feuer	800
1400	2500	5200	Doppel-Feuer	1000

Gasheizwert: Hu = 1000 bis 1200 $kcal/Nm^3$; steigend mit steigender Gaserzeugergröße

Um für die reine *Kraftanlage* die geeignete Gaserzeugergröße festzustellen, geht man vom Gasverbrauch für die Dauerleistung der Motoren aus. Die Zahlentafeln 7 und 8 bringen diese Angaben. Hat man nun die Gaserzeugergröße bestimmt, so kann man nach Zahlentafel 10 für teerarme Brennstoffe, also Anthrazit, Magerkohle, Koks oder Holzkohle den Naßreiniger und nach Zahlentafel 11 für schwefelreiche Brennstoffe den Entschwefler bestimmen.

Zahlentafel 9. Hauptabmessungen von Drehrost-Gaserzeugern mit aufsteigender Vergasung für Sägespäne, Torfabtrieb o. ä. (vgl. Abb. 24)

Schachtdurchmesser mm	Höhe mm	Gasleistung Nm^3/h	Gasheizwert
1200	3000	75	Hu = 1400 bis 1500 $kcal/Nm^3$
1400	3000	100	
1800	3000	180	
2200	3400	275	

Für aufsteigende Vergasung von Sägespänen geht man von Zahlentafel 9 aus. Schwefelreinigung (Hordenentschwefler) sind bei Holzvergasung nie erforderlich, da Holz nur Spuren von Schwefel enthält.

Zahlentafel 10. Naßreiniger (Skrubber) für Landanlagen

Außendurchmesser mm	Höhe mm	ausreichend für... Nm^3/h
780	2750	215
1200	3550	400
1500	5000	850
2000	5100	1500
2800	7000	3200

Zum Schluß dieses Absatzes soll versucht werden, einige Hinweise für die zweckmäßige Projektierung von Gaskraft- und auch vereinigten Gaskraft-Wärmeanlagen zu geben. Zunächst überlege man, *welche Vergasungsbrennstoffe* zur Verfügung stehen, und wähle, wenn der Preisunterschied nichts Gegenteiliges erfordert, den teer- und *ascheärmsten.* In Westeuropa, dessen Kohleversorgung im wesentlichen durch die Zechen des Rhein-Ruhr-Gebietes, des Aachen-Südbelgischen Beckens, des Saargebietes einerseits (Steinkohlenbasis) und das Rheinische Braunkohlengebiet andererseits, bestimmt wird, bevorzugt man *Anthrazit* Nuß IV oder Nuß III, sowie *Magerkohlen* Nuß IV oder Nuß III für reine Kraftanlagen.

Zahlentafel 11. Horden-Entschwefler

Außendurchmesser mm	Höhe mm	ausreichend für... Nm^3/h
1400	1300	75
1750	2500	240
2300	3700	600
2800	4850	1240

Bei vereinigten Kraft-Wärmeanlagen kann wichtig sein, die Industrie*öfen* mit leuchtend langen Flammen zu beheizen. In diesem Falle wähle man *Braunkohlenbriketts* im aufsteigenden Verfahren. Wenigstens für die Kraftanlage, also die Gasmotoren, muß dann eine Entteerung durchgeführt werden, den Teer kann man in den Wärmeöfen ebenfalls nutzbar verwenden.

Brechkoks IV wird ebenfalls in verhältnismäßig kleinen und einfachen Anlagen gut verarbeitet. Der Gasheizwert liegt aber $\sim 12\%$ unter dem der Anthrazitvergasung. Hier sei erwähnt, daß die beste Motorleistung — für unaufgeladene Viertakt-Motoren, einem mittleren Arbeitsdruck von 4,2 atü entsprechend — mit einem unteren Generatorgas-Heizwert von 1180 $kcal/Nm^3$ beginnend erzielt wird. Ist der Gasheizwert niedriger, so fällt die Motorleistung verhältnisgleich. Höherer Gasheizwert nützt höchstens Überlastspitzen, nicht aber der mittleren Leistung, da Überhitzungen im Motor unbedingt verhütet werden müssen und daher bei höherem Gasheizwert mit größerem Luftüberschuß gearbeitet werden muß. Mit Leucht-, Erd- und Faulgas wird man bei unaufgeladenen Ottomotoren im allgemeinen also auch keine höhere Dauerleistung in sicherem Betrieb erzielen. Einzelheiten bringt Band 5 dieser Sammlung.

Im mitteldeutschen Raum, der durch die Braunkohlenvorkommen als Vergasungsbrennstoff gekennzeichnet ist, ist der am einfachsten zu vergasende Brennstoff genügend fester, gegebenenfalls brikettierter Schwelkoks. Er besitzt eine ganz besonders hohe Elastizität, also Unempfindlichkeit gegen Belastungsschwankungen und ist sehr leicht zündbar. Aus Preisgründen wird man jedoch auch hier und besonders für Kraft-Wärmeanlagen meist *Braunkohlen-Briketts* wählen. Rheinische und mitteldeutsche *Rohbraunkohle* ist zu wasserreich, hat demgemäß niedrigen Heizwert, hohe Transportkosten und kommt daher für Gaskraftanlagen kaum in Frage. Rheinische und die weniger teerreichen niederlausitzer Briketts lassen sich gut im Doppelfeuerverfahren vergasen, während die stark teerhaltigen mitteldeutschen Briketts stets zur Teergewinnung als Nebenerzeugnis der Vergasung anregen, auch im Doppelfeuerverfahren kann man den Teer *dieser* Briketts schwer völlig beseitigen. Für größere Anlagen etwa ab 1000 PS, wo man stets aufsteigende Vergasung, mit Vorteil auch Schwelgaserzeuger (S. 24) wählt, empfiehlt sich eine zweistufige elektrische Entteerung, die dann einen guten Nebengewinn verbürgt. Ähnliches gilt für die nordböhmische Braunkohle, wobei außer Briketts zur Vergasung hier in einzelnen Revieren auch feststückige wasserarme Rohbraunkohlen zur Verfügung stehen (Zahlentafel 4, Nr. 12).

In Gebieten mit *Torfvorkommen* ist die Vergasung um so lohnender, je besser der Torf getrocknet ist. Das gleiche gilt für Holz. Das den Teer verzehrende Doppelfeuer- und das absteigende Vergasungsverfahren läßt sich nur mit einem Brennstoff bis höchstens 25% Feuchte anwenden (S. 17). Muß man mit feuchterem Brennstoff rechnen, so kann die Vergasung mit gutem Wirkungsgrad nur aufsteigend durchgeführt werden, muß also dann mit Teerbeseitigung — *Teernutzung* nur in größeren Anlagen lohnend! — und Behandlung der *Abwasserfrage* verknüpft werden. Der Wärmeverbrauch für Gasmotoren ist erfahrungsgemäß bei Vollast dann etwa 2500 kcal/PSh, bezogen auf den aufgegebenen Brennstoff (vgl. Band 5 dieser Sammlung).

In tropischen Gebieten gilt dasselbe für Holz und Pflanzenabfälle, oft wird man infolge der wirksamen Sonnenstrahlung Lufttrocknung und infolgedessen Doppelfeuer- oder absteigende Vergasung anwenden können.

Wie erwähnt, verlangt die Abwasserfrage für jede Generatoranlage sehr sorgfältige Prüfung, und man muß genaue Angaben über den Anfall und die Zusammensetzung des abzuführenden Wassers fordern. Umlaufkühlung und elektrische Gasreinigung verkleinern das Problem ganz wesentlich.

Literatur: Wie im Vorwort gesagt, behandelt dieses Buch nur Gaserzeugungsanlagen, die bevorzugt für Verbrennungskraftmaschinen geeignet sind. Ein Überblick über den allgemeinen Stand der Vergasung, auch der Erdgasverwendung zur Stadtgaserzeugung, findet sich in der Zeitschrift des Vereines Deutscher Ingenieure, Band *100* (**1957**), Nr. **14**, S. **605** ff. Ferner sei verwiesen auf: D. Wagener, Die Verfahren zur Vergasung fester Brennstoffe, in „Erdöl und Kohle" **1954**, Nr. **4**, S. **219** ff.; W. Gumz, Vergasung fester Brennstoffe, Berlin—Göttingen—Heidelberg: Springer-Verlag, **1952**; Dubbel's Taschenbuch für den Maschinenbau, Berlin—Göttingen—Heidelberg: Springer-Verlag, **12**. Auflage (im Druck).

GPSR Compliance

The European Union's (EU) General Product Safety Regulation (GPSR) is a set of rules that requires consumer products to be safe and our obligations to ensure this.

If you have any concerns about our products, you can contact us on ProductSafety@springernature.com

In case Publisher is established outside the EU, the EU authorized representative is:

Springer Nature Customer Service Center GmbH
Europaplatz 3
69115 Heidelberg, Germany

Batch number: 10591336

Printed by Printforce, the Netherlands